上海市工程建设规范

综合杆设施技术标准

Technical standard for multi-function integrated pole system

DG/TJ 08—2362—2021
J 15649—2021

主编单位：上海市城市综合管理事务中心
　　　　　同济大学建筑设计研究院（集团）有限公司
批准部门：上海市住房和城乡建设管理委员会
施行日期：2021 年 8 月 1 日

同济大学出版社

2021　上海

图书在版编目(CIP)数据

综合杆设施技术标准/上海市城市综合管理事务中心,同济大学建筑设计研究院(集团)有限公司主编. —
上海:同济大学出版社,2021.5
ISBN 978-7-5608-8473-8

Ⅰ.①综… Ⅱ.①上… ②同… Ⅲ.①系杆-基础设
施-上海-技术标准 Ⅳ.①TU323-65

中国版本图书馆 CIP 数据核字(2021)第 067372 号

综合杆设施技术标准

上海市城市综合管理事务中心
同济大学建筑设计研究院(集团)有限公司　　　主编

策划编辑　张平官
责任编辑　朱　勇
责任校对　徐春莲
封面设计　陈益平

出版发行　同济大学出版社　　www.tongjipress.com.cn
　　　　　(地址:上海市四平路 1239 号　邮编:200092　电话:021－65985622)
经　　销　全国各地新华书店
印　　刷　浦江求真印务有限公司
开　　本　889mm×1194mm　1/32
印　　张　7.75
字　　数　208 000
版　　次　2021 年 5 月第 1 版　　2022 年 1 月第 2 次印刷
书　　号　ISBN 978-7-5608-8473-8
定　　价　70.00 元

上海市住房和城乡建设管理委员会文件

沪建标定〔2021〕83 号

上海市住房和城乡建设管理委员会
关于批准《综合杆设施技术标准》
为上海市工程建设规范的通知

各有关单位：

由上海市城市综合管理事务中心、同济大学建筑设计研究院
(集团)有限公司主编的《综合杆设施技术标准》，经我委审核，现
批准为上海市工程建设规范，统一编号为 DG/TJ 08—2362—
2021，自 2021 年 8 月 1 日起实施。

本规范由上海市住房和城乡建设管理委员会负责管理，上海
市城市综合管理事务中心负责解释。

特此通知。

上海市住房和城乡建设管理委员会
二〇二一年二月十日

前　言

为贯彻落实创新、协调、绿色、开放、共享的发展理念，提升城市精细化、智慧化管理水平，根据上海市住房和城乡建设管理委员会《关于印发〈2019年上海市工程建设规范、建筑标准设计编制计划〉的通知》(沪建标定〔2018〕753号)的有关要求，由上海市城市综合管理事务中心、同济大学建筑设计研究院(集团)有限公司等单位组成编制组负责本标准的编制。在编制过程中，经深入调查研究，认真总结经验，参考有关的标准规范，并在广泛征求意见的基础上，制定本标准。

本标准由8章和10个附录组成，主要内容包括：总则；术语；基本规定；设计；施工；验收；信息管理系统；养护；附录A～附录K。

各单位及相关人员在本标准的执行过程中，如有意见和建议，请反馈至上海市住房和城乡建设管理委员会(地址：上海市大沽路100号；邮编：200003；E-mail：bzgl@zjw.sh.gov.cn)，同济大学建筑设计研究院(集团)有限公司(地址：上海市四平路1230号；邮编：200092；E-mail：jt13xaf@tjad.cn)，或上海市建筑建材业市场管理总站(地址：上海市小木桥路683号；邮编：200032；E-mail：bzglk@zjw.sh.gov.cn)，以供今后修订时参考。

主 编 单 位：上海市城市综合管理事务中心
　　　　　　　同济大学建筑设计研究院(集团)有限公司
参 编 单 位：上海市政工程设计研究总院(集团)有限公司
　　　　　　　上海市城市建设设计研究总院(集团)有限公司
　　　　　　　中电科公共设施运营管理有限公司
　　　　　　　东华大学环境艺术设计研究院

上海勤电信息科技有限公司

上海市市政工程管理咨询有限公司

上海市区电力照明工程有限公司

主要起草人: 唐海雯　徐爱峰　赵　宁　董茂强　金益桓
唐术熙　杨衍瑞　朱　健　朱圣庆　潘洪召
王晓春　高旭旻　周齐亮　刘　博　吴　军
郑　昕　王文彪　马　斌　徐　军　李晨源
宋树德　胡钟蕾　韩典芳　季蔚清　陈天姿

主要审查人: 王以中　钱寅泉　王全荣　李　青　陈　元
张　胜　苗　林

上海市建筑建材业市场管理总站

目 次

Contents

1 总　则

1.0.1　为加强本市综合杆设施的建设和养护管理,统一综合杆设施建设和养护的技术标准,根据国家有关标准,结合本市的实际情况,制定本标准。

1.0.2　本标准适用于本市城市道路综合杆设施的工程设计、施工、验收和养护。城镇段公路在技术条件相同的情况下也可按本标准执行。

1.0.3　综合杆设施的建设和养护除应符合本标准外,尚应符合国家、行业和本市现行相关标准的规定。

2 术 语

2.0.1 综合杆设施 multi-function integrated pole system

由综合杆及综合设备箱、综合电源箱、综合管道等附属设施组成，为杆上与机箱内的设施搭载、管道内的线缆敷设、电力供应等服务提供保障，是一种新型的公共基础设施。

2.0.2 搭载设施 carrying facilities

由综合杆设施承载的各类城市管理与服务设施的统称。

2.0.3 搭载用户 ownership unit of carring facility

搭载设施的权属单位。

2.0.4 综合杆 multi-function integrated pole

为各类需要杆上安装的搭载设施提供物理搭载的杆体，由主杆、副杆、横臂和灯臂等装配而成。

2.0.5 综合设备箱 integrated equipment box

为各类需要箱内安装的搭载设施提供箱内搭载舱位和供电电源、接地、布线环境的机箱。

2.0.6 综合电源箱 integrated power supply box

集成配置供配电及照明控制功能，统一接入市电，并为综合设备箱、道路照明等提供供电配电的机箱。

2.0.7 综合管道 composite pipeline

连通综合杆、综合设备箱、综合电源箱以及公共信息（电力）管道，用于敷设通信、控制和配电线缆的综合性管道。

2.0.8 主杆 primary pole

综合杆的基础杆体，可独立构成综合杆或结合其他部件组合构成综合杆。

2.0.9 副杆 subsidiary pole

　　垂直安装于综合杆主杆上部,用于承载灯臂、移动通信基站等搭载设施。

2.0.10 横臂　transverse arm

　　水平安装于综合杆主杆侧面,用于承载交通信号灯、交通标志牌等搭载设施。

2.0.11 灯臂　lamp arm

　　安装于副杆上,用于承载照明灯具。

3 基本规定

3.0.1 综合杆设施的建设和养护应实现全生命周期管理、全过程覆盖。在工程设计、施工、验收与移交、运行与养护等各个环节之间应有衔接，为搭载设施提供高质量服务。

3.0.2 综合杆设施的建设和养护应遵循技术先进、经济合理原则。

3.0.3 综合杆设施的建设和养护应使用符合国家和行业现行有关标准规定的产品。综合杆、综合设备箱和综合电源箱的技术要求宜符合本标准附录 A、附录 B 和附录 C 的规定。

3.0.4 综合杆设施的建设和养护应满足以下要求：

1 综合杆及基础的设计使用年限应不小于 50 年。

2 综合设备箱、综合电源箱的箱体及基础的设计使用年限应不小于 20 年。

3 综合杆设施应能连续运行，平均无故障工作时间应不小于 30 000 h。

3.0.5 综合杆设施的建设应符合下列规定：

1 新建城市道路在建设综合杆设施时，应全部搭载建设项目中需要设置的杆上设施，并应为后续发展提供预留。

2 已建成城市道路结合大中修改造、市政工程建设综合杆设施或专项组织建设综合杆设施时，应组织整体实施，并按照"能合则合"的原则，同步将现有杆上设施、箱内设施进行合杆、合箱，综合杆设施设置应满足国家或本市相关标准的布设要求，并应为后续发展提供预留。

3.0.6 综合杆设施的建设与养护应依托信息管理平台。信息管理平台宜采用市、区两级架构设置，并应满足下列要求：

1 具有对综合杆设施的全过程运行管理功能。

2 具有接入、交互和互联功能。

3 安全保护等级为 2 级。

4 设 计

4.1 一般规定

4.1.1 综合杆设施工程项目应结合道路总体规划、景观环境等要求,统筹各类搭载设施的业务需求和功能、性能要求,协调好与各类道路设施、地下构筑物和管线(井)之间的关系,统筹设计。

4.1.2 综合杆设施工程设计前应开展前期工作,收集相关资料。前期工作应包括下列内容:

　　1 收集道路工程范围内的地质勘探、地形图、地下管线图等资料;在建成道路上实施综合杆设施建设时,还应对地下设施进行物探和排摸,获取地下设施分布资料。

　　2 获取规划部门的地下管线规划资料,确定地下管线的规划安排;在建成道路上实施综合杆设施建设时,还应结合物探和排摸,协调好与建成管道、线缆以及地下构筑物等之间的空间位置关系。

　　3 获得与综合杆设施建设相关的其他设计资料。在新建、改扩建道路过程中,应收集道路工程总体设计文本,获取道路以及附属设施的设计资料。在建成道路上结合架空线入地、地铁等重大市政工程实施综合杆设施建设时,还应协调好与相关工程设计之间的关系,在总体规划框架下做好协同设计工作,实现"一路一方案"。

　　4 调查综合杆设施的搭载需求,获取搭载设施资料。在新建、改扩建道路过程中,应获取各类需要立杆设置的杆上设施设置资料。对建成道路上通过排摸和调研,获取需要整合的杆上、箱内搭载设施资料。在综合杆设施的设计中应包含上述设施的搭载设计。

5 调研综合杆搭载设施用户近 5 年内的搭载需求,获取相应资料,协调好综合杆设施建设规模、预留空间与近期需求之间的关系。

6 调研设计范围内的相交道路及接入的已建道路和规划道路,获取相关道路的综合杆设施或照明、信号灯等的立杆、机箱、管线、供电等资料,统筹设计相交道路的接口界面和衔接方案。

4.1.3 当收集到的地质勘探资料不符合设计要求时,应进行岩土工程勘查。岩土工程勘察应符合现行国家标准《岩土工程勘察标准》GB 50021 和现行行业标准《市政工程勘察规范》CJJ 56 的相关规定,并应提供下列资料:

1 勘察地下水的类型、埋藏情况、水位埋深、变化情况及对建筑材料的腐蚀性。

2 根据项目特点及地质条件,勘察深度范围内土层的结构和均匀性、物理力学性质、承载力参数及地基计算强度,查明范围内是否有不良地质现象及应采取的措施,提供设计参数。

4.1.4 在建成道路的综合杆设施设计前期工作中,地下管线、构筑物的物探应符合现行行业标准《城市地下管线探测技术规程》CJJ 61 的相关规定,并应满足下列要求:

1 物探报告内容应包含地下综合管线探测成果、地下障碍物探查成果和综合管线成果,各类成果编绘成 1 : 500 彩色图。

2 探测坐标系统应采用上海市城市坐标系,高程系统采用吴淞高程系。

3 地下管线的探测对象包括综合杆设施布置范围内的给水、排水、燃气、电力、信息等相关的管道、线缆,应查明地下管线的类别、平面位置、走向、埋深、偏距、规格、材质、建设年代、埋设方式、权属单位以及管线的附属物等。

4.1.5 对建成道路,应在设计前开展地上设施的测绘。地上设施的测绘应符合现行国家标准《工程测量标准》GB 50026 和《测绘成果质量检查与验收》GB/T 24356 的相关规定,并应满足下列要求:

1 测量报告内容应包含道路范围内的杆件、机箱和其他设施。

2 地上设施工程测绘应符合下列规定:

1) 平面控制测量:平面控制测量等级为 E 级 GPS。

2) 高程控制测量:高程控制测量等级为四等水准。

3) 测图比例尺:1:500。

4) 平面位置中误差:不大于±10 cm。

3 地上设施的测量、普查涵盖工程范围内的路段、路口,相交路口延长至道路停止线外 50 m～70 m。

4 应对测量范围内的道路中心线进行拟合,每隔 25 m 标注桩号,并标注相交道路及本道路的路名、尺寸等信息。

5 应对测量、普查对象拍照标识,分类汇总,并在测绘图上设置超链接,便于识别。

4.1.6 综合杆设施设计应体现精细化、个性化和共享统筹的原则,针对道路整体进行"一路一设计",针对综合杆进行"一杆一设计",针对综合设备箱、综合电源箱进行"一箱一设计",并应符合下列规定:

1 "一路一设计"是针对道路路段整体的综合杆设施设计,在设计中应满足下列规定:

1) 新建城市道路在建设综合杆设施时,应统筹各类城市管理与服务系统或设施的建设需求,结合相关规划要求整体设计。

2) 已建成城市道路在建设综合杆设施时,应在统筹电力、信息、合杆、市政修复等专项工程设计方案的基础上开展设计。

3）应结合道路特征、环境条件、景观要求和设施需求,每条
　　　道路应分别按照路口区域、路段区域和特殊区域组织
　　　"一路一设计"。

　　4）应结合搭载设施用户的调研需求,做好综合杆设施的预
　　　留设计。

　2　"一杆一设计"是针对每根综合杆的具体细化设计,在设
计中应满足下列规定:

　　1）应统筹各类搭载设施需求,并结合道路照明、信号灯等
　　　主要设施的搭载需求,确定每根综合杆的位置、式样、部
　　　件构成以及设计参数。

　　2）应结合地下管线、构筑物分布进行"一杆一基础"设计,
　　　确定每根综合杆基础的式样和规格,宜采用扩展基础。

　　3）应结合杆上搭载设施的功能需求开展搭载设施的安装
　　　设计、布线设计和防雷接地设计。

　　4）综合杆的部件选定、杆体装配和基础设计时均应进行荷
　　　载计算。

　3　"一箱一设计"是针对每个综合电源箱、综合设备箱的具
体细化设计,在设计中应满足以下规定:

　　1）应根据上级供电设施现状确定区域供电规划,并确定综
　　　合电源箱的供电范围和用电负荷。

　　2）应结合搭载设施的用电需求开展综合电源箱的配电系
　　　统设计,包括回路设计、配置设计和防雷接地设计等。

　　3）应根据综合设备箱服务范围内的搭载需求开展箱内配
　　　置设计、分舱设计、用户设施搭载设计、线缆布设设计和
　　　接地设计等。

　　4）应根据道路环境现状确定综合电源箱、综合设备箱的安
　　　装位置(构筑体内、绿化带、设施带等),并根据景观总体
　　　要求进行"隐形化"设计。

　　5）综合电源箱、综合设备箱的设置和箱内配置应做冗余设计。

4.1.7 综合杆设施可按路口、路段和特殊区域分区设计,应符合下列规定:

1 路口区域综合杆设施的设计应以交通信号灯布设需求为主,统筹路口照明、视频监控等设施的布设需求,兼顾其他设施的布设需求,并应满足下列要求:

　　1)应结合路口交通组织优化,合理安排或调整路口区域的道路线型、标线、交通安全等设施,与综合杆、箱布设相协调。

　　2)应符合现行国家标准《道路交通信号灯设置与安装规范》GB 14886 和现行行业标准《城市道路照明设计标准》CJJ 45 的相关规定。

　　3)综合管道应贯通并环形闭合,联通在路口区域布设的所有综合杆、箱以及需要联通综合杆设施的公共信息(电力)管道。

　　4)路口区域应统一提供联合接地系统。

　　5)路口人行横道中心线合围区域内不宜设置综合杆、综合电源箱、综合设备箱,见本标准附录 D 中图 D.1.4。

2 路段区域综合杆设施的设计应结合道路特征和环境条件,统筹道路照明、视频监控等主要设施的搭载需求,并应满足下列要求:

　　1)应符合现行行业标准《城市道路照明设计标准》CJJ 45 的相关规定。

　　2)路段区域综合设备箱、综合电源箱的布置应遵循"隐形化、规范化"原则,降低对环境美观的影响以及环境对综合箱的影响,合理确定设置位置。

　　3)综合管道必须覆盖路段区域,沟通所有综合杆、箱以及需要联通综合杆设施的公共信息(电力)管道。

　　4)应结合综合设备箱的服务范围提供联合接地系统。

3 特殊区域综合杆设施的设计应在符合国家和行业现行有

关标准、规范的基础上，进行专项设计。

4.1.8 综合杆设施的编码应符合本标准附录 G 的规定。

4.1.9 综合杆设施的信息采集要求应符合本标准附录 H 的规定。

4.1.10 综合杆设施的方案设计、施工图设计应满足本标准附录 F 的要求，并应符合下列规定：

1 新建道路综合杆设施设计中应包含新建道路同步实施的交通信号控制、交通标志、道路照明等设施的搭载设计，并应对不在新建道路工程项目实施的搭载需求进行预留。

2 建成道路综合杆设施设计中应包含合杆、合箱设计及原有设施的迁移设计等内容。设计中，应协调各类搭载设施用户，优化方案。对有业务保障要求的搭载设施，设计中应提出业务保障过渡方案。

4.2 综合杆

4.2.1 综合杆设计应包括平面布置设计、杆上搭载设施布置设计、部件选定和装配设计、综合杆基础和安装设计、杆上搭载设施接口设计、综合杆内布线设计及相关荷载计算。

4.2.2 综合杆在路口区域的平面布置设计应满足国家标准《道路交通信号灯设置与安装规范》GB 14886—2016 中第 7 节的相关规定，统筹考虑道路照明等设施的需求，并应符合下列规定：

1 综合杆布置在人行道时，应设置在人行横道两端外沿线的延长线，杆中心距路缘石内边线宜为 0.4 m，见本标准附录 D 中图 D.1.1。

2 综合杆布置在机非隔离带时，宜设置在机非隔离带缘头切点向后 2 m 以内，见本标准附录 D 中图 D.1.2。

3 综合杆布置在中央隔离带时，宜设置在中央隔离带缘头切点靠近人行横道处，见本标准附录 D 中图 D.1.3。

4.2.3 综合杆在路段区域的平面布置设计应满足行业标准《城市道路照明设计标准》CJJ 45—2015 中第 5 节的相关规定,统筹考虑各类设施的需求,并应符合下列规定:

1 在满足道路照明和搭载设施需求的情况下,主(次)干路综合杆的平均间距不宜小于 35 m,支路综合杆的平均间距不宜小于 30 m,见本标准附录 D 中图 D.2.1。

2 采用单侧布置或中心布置方式设置综合杆时,可根据需要在道路对向侧增设综合杆,两侧综合杆应对齐布置。见本标准附录 D 中图 D.2.2 和图 D.2.3。

3 应避开出(入)口、行道树和树穴、公交车站亭等。

4.2.4 综合杆在特殊区域的平面布置设计应符合下列规定:

1 在 Y 型路口和 T 型路口的垂直方向,综合杆宜设置在路口进口道正对的路缘后 2 m 以内,并应统筹考虑相交道路综合杆位置,见本标准附录 D 中图 D.3.1。

2 在立交桥下路口,立交桥桥跨净空允许时,综合杆宜设置在桥体上(承台上),见本标准附录 D 中图 D.3.2。

3 环形路口的综合杆宜在环岛内、外分别设置,见本标准附录 D 中图 D.3.3。

4 在设置有导流岛的路口,综合杆宜设置在导流岛上,见本标准附录 D 中图 D.3.4。

5 其他有设施搭载需求的道路按需设置综合杆。

4.2.5 综合杆的杆上搭载设施布置设计应符合下列规定:

1 杆上搭载设施的布置设计应符合各类搭载设施的相关规定。宜在满足搭载设施功能需求基础上,对搭载设施进行"减量化、小型化"设计。

2 各类杆上搭载设施的搭载位置可按表 4.2.5 选定,应避免搭载设施间的相互干扰,并应符合下列规定:

1) 对视认性有要求的搭载设施布置设计时,应结合周边环境确定,避免被绿化、桥墩等物体遮挡。

    2）有电磁辐射的设备搭载时，应考虑对周围环境的影响，电磁辐射防护标准应符合现行国家标准《电磁环境控制限值》GB 8702 的相关规定。

  3 杆上搭载设施的空间布置应符合下列规定：

    1）杆上搭载多个设施或多组设备时，应在满足功能基础上安全、有序、等距布置。

    2）搭载设施布置在主杆上时，设施下沿距地面不宜小于2.5 m，设施上沿距顶部不宜小于 0.5 m。

    3）搭载设施布置在横臂上时，设施宜布置于距主杆不小于0.5 m 外区域。当设施布置在横臂末端时，设施外边距横臂末端不宜大于0.5 m。

表 4.2.5　部件与搭载设施配置关系

序号	主要搭载设施		综合杆部件			
			主杆	副杆	灯臂	横臂
1	道路照明灯具		○		●	○
2	交通信号灯	机动车信号灯	◐	○	○	◐
		非机动车信号灯	◐	○	○	◐
		人行横道信号灯	●	○	○	○
3	交通标志牌	指路标志	○	○	○	●
		指示标志	◐	◐	○	◐
		禁令标志	◐	◐	○	◐
		警告标志	◐	◐	○	◐
		旅游标志	◐	◐	○	◐
		其他标志	◐	◐	○	◐
4	路名牌		●	○	○	○
5	视频监控设备	交通监控设备	◐	◐	○	◐
		治安监控设备	◐	◐	○	◐
		其他监控设备	◐	◐	○	◐

续表4.2.5

序号	主要搭载设施		综合杆部件			
			主杆	副杆	灯臂	横臂
6	交通违法采集设备	机动车违法采集设备	◑	◑	○	◑
		行人、非机动车违法采集设备	◑	◑	◑	◑
7	RFID采集设备		◑	◑	○	◑
8	Wi-Fi嗅探设备		◑	◑	◑	◑
9	公共服务指示牌		◑	◑	○	◑
10	信息感知设备		◑	◑	○	◑
11	信息发布设备		◑	○	○	◑
12	公共广播		◑	◑	○	○
13	公共 Wi-Fi		◑	◑	○	◑
14	环境监测设备		◑	◑	○	◑
15	井盖监测设备		◑	◑	○	◑
16	车路协同设备		◑	◑	○	◑
17	通信基站		○	●	○	○
18	景观花篮		●	○	○	○

注：●代表应搭载于该部件上；○代表不宜搭载于该部件上；◑代表可根据需求搭载。

4.2.6 综合杆的部件选定设计应符合下列规定：

1 应根据杆上搭载设施的布置确定综合杆式样，并按照综合杆式样进行部件选定设计。

2 综合杆的杆体总高度设计应符合行业标准《城市道路照明设计标准》CJJ 45—2015 中表 5.1.3 的规定。

3 综合杆的主杆规格应根据设备搭载及预留所需的荷载，按本标准附录 A 中表 A.4.2-1 选型。若遇避让电车线等特殊情况时,应进行专项设计。

4 综合杆的副杆规格应符合本标准附录 A 中表 A.4.2-2 的规定。副杆高度(H_2)可按下式计算后确定:

$$H_2 = H - H_1 \tag{4.2.6}$$

式中:H ——综合杆的杆体总高度(m);

H_1 ——综合杆的主杆高度(m);

H_2 ——综合杆的副杆高度(m)。

5 综合杆的横臂规格应符合本标准附录 A 中表 A.4.2-3 的规定。横臂选定设计应符合下列规定:

1) 不宜超过同侧道路通行方向的最内侧车行道的中心线。

2) 当满足搭载设施功能需求和横臂额定可承受荷载弯矩时,宜选用更短规格的横臂。

3) 当满足搭载设施功能需求,但超横臂额定可承受荷载弯矩时,宜通过技术手段提高横臂的可承受荷载弯矩。

6 综合杆的灯臂规格应符合本标准附录 A 中表 A.4.2-6 的规定,灯臂选定设计应满足道路照明需求。

4.2.7 综合杆的装配设计应符合下列规定:

1 综合杆的主杆与副杆、主杆与横臂的装配应采用普通螺栓,双螺帽紧固。法兰规格、承载性能应符合本标准附录 A 中表 A.4.2-4 的规定。

2 综合杆的灯臂和副杆应采用定制抱箍连接,抱箍式样、规格应符合本标准附录 A 中第 A.1.5 条的规定。

3 综合杆各部件的装配偏差值应符合本标准附录 A 中表 A.5.10 的规定。

4 综合杆各部件装配的连接承载力计算应按现行国家标准《钢结构设计标准》GB 50017 执行。

5 综合杆装配完成后应实现杆体电气贯通,任意两点间的连接电阻应不大于 0.1 Ω。

4.2.8 综合杆的杆体荷载计算应符合下列规定：

1 综合杆的杆体荷载计算应包括永久荷载和可变荷载。

2 城市主干路上的综合杆结构重要性系数 $\gamma_0 = 1.0$，其他等级城市道路上的综合杆结构重要性系数 $\gamma_0 = 0.95$。

3 永久荷载计算时，应主要考虑结构和附加设施的自重。

4 可变荷载计算时，应主要考虑风荷载。结构部件及搭载设施风荷载标准值应按下式计算确定：

$$w_k = \beta_z \mu_s \mu_z w_0 \tag{4.2.8}$$

式中：w_k ——风荷载标准值(kN/m^2)；

β_z ——高度 z 处的风振系数，风振系数可按照行业标准《变电站建筑结构设计技术规程》DL/T 5457—2012 中第 4.4.2 条的单杆悬臂柱结构、单钢管柱或设备支架取用，对于综合杆部件和搭载设施的 β_z 取值均为 1.7；

μ_s ——风荷载体型系数，主杆取值为 1.1，横臂取值为 1.2，副杆取值为 0.9，灯臂取值为 0.9；

μ_z ——风压高度变化系数，地面粗糙度 C 类取值为 0.65，地面粗糙度 B 类取值为 1.00，地面粗糙度 A 类取值为 1.09；

w_0 ——基本风压(kN/m^2)，取 0.55 kN/m^2。

4.2.9 综合杆的扩展基础设计应符合下列规定：

1 基础设计应符合现行国家标准《建筑地基基础设计规范》GB 50007 和现行上海市工程建设规范《地基基础设计标准》DGJ 08—11 的相关规定。

2 基础达到极限倾覆力矩(抗倾覆力矩)时，基础侧向土壤达到极限平衡状态，可依靠基础侧面的土压力达到平衡。

3 基础底垫层厚度应不小于 150 mm，钢筋保护层厚度应不小于 40 mm，混凝土强度等级应不小于 C30。

4 基础顶平面应低于地面 250 mm。

5 综合杆基础内的预埋管应符合下列规定：

   1）数量：不少于 6 孔。

   2）规格（内径）：不少于 2 孔ϕ75 mm、4 孔ϕ50 mm。

   3）材料：管材应防锈蚀，并具有足够的机械强度。

6 常用综合杆扩展基础可按照本标准附录 E 选用。

4.2.10 综合杆的钢管桩基础设计应符合下列规定：

1 钢管桩的基础桩基竖向承载力、桩顶位移、桩身强度验算应符合现行行业标准《建筑桩基技术规范》JGJ 94 的相关规定。

2 钢管桩倾覆稳定验算应符合现行行业标准《架空输电线路基础设计技术规程》DL/T 5219 的相关规定。

3 钢管桩转接段的钢管材料及相关筋板材质不应低于 Q235，计算抗拉强度应取为 215 N/mm^2，转接段截面边缘最大应力应不超过计算抗拉强度。

4 钢管桩基础内预埋管的要求应符合第 4.2.9 条第 5 款的规定。

4.2.11 综合杆的安装设计应符合下列规定：

1 综合杆的杆体与基础宜采用地脚螺栓、双螺帽紧固。法兰规格、承载性能应符合本标准附录 A 中表 A.4.2-4 的规定。

2 综合杆的杆体与基础之间的连接应计算确定。杆体底法兰不得外露于铺装面。

3 综合杆的杆体安装偏差应按表 4.2.11 控制。

4 主检修门朝向应与道路平行，宜朝向行车方向。

5 综合杆安装于绿化带时，应符合下列规定：

   1）宜与绿化乔木中心对齐。

   2）杆体底法兰不得外露于种植土，杆体根部宜采用灌木或地被植物遮挡。

   3）综合杆与绿化乔木距离满足综合杆检修最小操作距离要求，绿化灌木不得遮挡检修门。

表 4.2.11 杆体安装偏差值

项目	允许偏差
杆体与地面垂直度	$H/750$
杆体下法兰接口中心偏移	2 mm
地脚螺栓中心偏移	3 mm
横臂、灯臂与道路中心线的水平夹角	≤0.3°

注:H 为杆体高度(mm)。

4.2.12 综合杆上搭载设施的安装设计应采用卡槽或抱箍方式,并应符合下列规定:

1 搭载设施安装在主杆时,应使用卡槽搭载。

2 搭载设施安装在副杆时,可使用抱箍搭载、卡槽搭载或副杆顶部法兰搭载,应符合下列规定:

1)道路照明灯具应使用抱箍搭载,抱箍应符合本标准附录 A的规定。

2)通信基站应使用副杆顶部法兰搭载,法兰应符合本标准附录 A 的要求。

3)其他设备、设施应使用卡槽搭载。

3 搭载设施安装在横臂时,可使用抱箍搭载或卡槽搭载,应符合下列规定:

1)交通信号灯和面积大于 2 m² 的标志牌应使用抱箍搭载。

2)其他设备、设施和面积小于 2 m² 的标志牌宜使用卡槽搭载。

4 当采用卡槽搭载时,应增加连接件,连接卡槽和搭载设施,并应符合下列规定:

1)连接件颜色应与综合杆一致,式样、规格、材质和承载性能等符合搭载设施的功能需求和承载要求。

2)应对连接件进行承载力计算,并提供计算书。

3)连接件与卡槽之间应利用滑块固定。

4）卡槽角部受拉的抗弯承载力应符合下列规定：

$$M = F \cdot L \leqslant M^b \qquad (4.2.12)$$

式中：F ——连接螺栓的拉力（kN）；

L ——拉力至卡槽角部的距离（m）；

M^b ——本标准附录 A 中表 A.4.2-5 规定的卡槽额定可承受荷载弯矩。

5）卡槽、滑块应满足本标准附录 A 的规定。

5 当采用抱箍搭载时，抱箍颜色应与综合杆一致，抱箍规格应根据搭载设施需求在工程设计中确定，抱箍的承载力应计算确定。

4.2.13 综合杆内线缆应按本标准附录 A 中第 A.3.1 条的规定分舱敷设，线缆不得中间设接头，并做好防雷接地保护。

4.3 综合设备箱、综合电源箱

4.3.1 设计中所使用的综合设备箱、综合电源箱应为标准产品，符合本标准附录 B 和附录 C 的规定。综合设备箱、综合电源箱设计应包括平面布置设计、基础和箱体安装设计、箱内配置和布线设计、数据接入设计、用户仓设计、箱体环境设计等。

4.3.2 综合设备箱、综合电源箱的服务范围应符合下列规定：

1 综合设备箱的服务范围应结合综合杆布置位置和杆上搭载设施需求确定，服务半径不宜大于 60 m。

2 综合电源箱的服务范围应结合区域供电规划确定，服务半径不宜大于 500 m。

4.3.3 综合设备箱、综合电源箱的平面布置设计应符合下列规定：

1 综合设备箱的平面布置设计应符合下列规定：

1）应在进路口方向、停止线上游约 30 m 处布置综合设备箱,箱体的布设位置应与相邻综合杆位置一致。

  2)宜在路段区域有电子信息设备搭载需求的综合杆旁布置综合设备箱。

  3)宜结合电子信息设备搭载的近远期需求布置综合设备箱。

2 综合电源箱宜布置在靠近电负荷中心区域。

3 综合设备箱、综合电源箱的布置数量宜按表 4.3.3 规定控制。

表 4.3.3 路口间距与箱体设置数量控制关系(单侧)

路口间距 S(m)	综合设备箱 数量	综合电源箱 数量
$S \leqslant 300$	宜不超过 3 只	宜不超过 1 只
$300 < S \leqslant 900$	宜不超过 4 只	宜不超过 2 只
$S > 900$	宜不超过 5 只	宜不超过 3 只

4 综合设备箱、综合电源箱的布置位置设计应符合下列规定:

  1)布置在道路两侧建筑场所内时,应选择尘埃少、腐蚀介质少、周围环境干燥和无剧烈振动的场所。

  2)布置在道路两侧绿地内时,应安置在绿地靠侧或侧后隐藏处,不应阻碍绿化以及主要景观的景观视线,并设计维护通道,预留维护空间。与绿化边界的距离宜不小于 1.5 m,便于进行绿化遮挡与装饰。箱体颜色、外观宜与绿地景观相协调,装饰方案应专项设计。

  3)布置在道路公共设施带内时,箱体中心距路缘石内边线宜为 0.4 m,与综合杆距离宜不小于 1.5 m。

  4)当人行道宽度小于 2 m、隔离带宽度小于 3 m 时,不宜布置综合设备箱、综合电源箱。

  5)路口停止线合围区域内不宜布置综合设备箱、综合电源箱。

  6)应预留箱体日常使用及操作门开合空间和检修通道。

4.3.4 综合设备箱、综合电源箱的基础设计应符合下列规定：

1 基础外轮廓尺寸应略小于综合设备箱外轮廓尺寸（见本标准表 B.2.1 和图 B.2.1）和综合电源箱外轮廓尺寸（见本标准表 C.2.1 和图 C.2.1）。

2 基础轮廓外部应加装包边。包边外轮廓尺寸与箱体外轮廓尺寸一致，包边材质、外观应符合周边景观环境要求。

3 基础底垫层厚度不小于 150 mm,钢筋保护层厚度不小于 40 mm,混凝土强度等级不应小于 C25。

4 基础顶平面应高出地面 150 mm。

5 基础平整度和倾斜度应符合相关技术要求,基础内预埋件规格、位置应与箱体底座匹配,确保可靠连接。

6 综合设备箱、综合电源箱基础内的预埋管应符合表 4.3.4 的规定。

表 4.3.4　基础预埋管数量、规格和材质

基础类型	预埋管数量	预埋管规格	预埋管材质
综合设备箱基础	不少于 10 孔	不少于 2 孔φ 75 mm、8 孔φ 50 mm	管材应防锈蚀,并具有足够的机械强度
综合电源箱基础	不少于 16 孔	不少于 2 孔φ 100 mm、14 孔φ 75 mm	

4.3.5 综合设备箱、综合电源箱的箱体安装设计应符合下列规定：

1 箱体底部应与基础上地脚螺栓连接固定,牢固可靠,不摇晃;连接固定点不得裸露在外。

2 箱体应与地面垂直。箱体表面应无污渍、凹坑、划痕和破损。

3 机箱与外部的连接孔、通风孔等应采用防水、防潮、防小动物进入等的措施,宜采用防水密封材料封堵。

4 箱体朝向应结合周边设施布置确定,保障安全、便于维护。

4.3.6 综合设备箱、综合电源箱宜结合道路整体景观环境要求做箱体环境设计。

4.3.7 综合设备箱的箱内配置设计应符合下列规定：

    1 应根据服务范围内搭载设施的用电需求配置电源装置。

    2 箱内用户舱设计应符合本标准附录 B 中第 B.4.3 条的规定，并符合下列规定：

        1）应根据权属关系分舱布置搭载设施。

        2）应根据箱内搭载设施需求自上而下、动态分配用户舱的舱位空间。

        3）应避免箱内搭载设施间的相互干扰，满足箱内搭载设施的空间需求。

    3 箱内搭载设施应进行抗震设计，并符合现行国家标准《通信设备安装工程抗震设计标准》GB/T 51369 的相关规定。安装应牢固、有序，宜优先采用导轨式安装，也可采用壁挂或盘式安装。

4.3.8 综合电源箱的箱内配置设计应符合现行国家标准《低压配电设计规范》GB 50054 的相关规定，并应符合下列规定：

    1 应根据服务范围内供电设施的用电需求配置配电装置。

    2 箱内回路设计应符合本标准附录 C 中图 C.5.1 的规定。

    3 应对短路保护、过负荷保护等进行校验。

4.3.9 综合设备箱、综合电源箱的箱内配线设计应符合下列规定：

    1 箱体底板上应提供线缆进出的穿线孔及密封圈，并进行防火防水封堵。

    2 箱内强弱电应分区走线，并用固定件固定。

    3 箱内布放的线缆不得损伤导线绝缘层，并应便于相关线缆插头的安装和维护。设备之间布线路由应合理，减少往返、距离最短。

    4 箱内接线端口与应用之间一一对应，并做好标识。

4.3.10 综合设备箱、综合电源箱的上联通信设计应符合下列规定：

1 综合设备箱、综合电源箱的通信功能和性能应满足本标准附录 B 第 B.6.3 条和附录 C 第 C.5.5 条规定的箱内监测信息上传要求。

2 综合设备箱、综合电源箱的监测信息通信方式可采用光纤通信或 4G/5G 无线通信。通信接口应符合现行上海市工程建设规范《道路照明设施监控系统技术标准》DG/TJ 08—2296 的要求。

3 综合设备箱内通信设备的上联通信方式应采用光纤通信。

4.3.11 综合设备箱、综合电源箱的防雷接地设计应分别符合本标准附录 B 中第 B.7.7 条和附录 C 中第 C.6.1～C.6.3 条的规定，并符合第 4.6 节的规定。

4.4 综合管道

4.4.1 综合管道的设计应符合现行国家标准《通信管道与通道工程设计标准》GB 50373 的相关规定，并应符合下列规定：

1 综合管道设计应以综合杆设施发展规划和道路地下管线规划为依据。

2 综合管道应连接沟通综合杆、综合设备箱、综合电源箱及附属设施，并应与相邻道路的综合管道以及搭载设施的用户通信管道、公用信息管道和其他需要的管道贯通，形成专用管道网络。

3 新建城市道路上综合管道的建设宜与城市地下管线同步建设。

4 已建成城市道路上综合管道建设时应避让现有地下管线，当与现有地下管线冲突时应进行特殊设计。

4.4.2 综合管道与通道建筑位置的设计应符合下列规定：

1 综合管道与通道位置宜与综合杆路同侧，综合管道与综合杆净距宜不大于 1 m。

2 综合管道与通道中心线应平行于综合杆路由中心线或道路中心线。

3 综合杆设置于人行道时，综合管道宜建在人行道下。当在人行道下无法建设时，可建在同侧非机动车道或绿化带下。

4 综合杆设置于机非隔离带时，综合管道宜建在机非隔离带下。当在机非隔离带下无法建设时，可建在同侧非机动车道下或人行道下。

5 综合杆设置于中央隔离带时，综合管道宜建在中央隔离带下。当在中央隔离带下无法建设时，可建在机动车道下。

4.4.3 综合管道的容量设计应符合下列规定：

1 沿道路纵向综合管道容量应不少于 6 孔ϕ100 mm。

2 路段中横向综合管道容量宜不少于 4 孔ϕ100 mm。

3 环路口综合管道容量宜不少于 8 孔ϕ100 mm。

4 综合管道与用户通信管道、公用信息管道及其他管道的连通宜不少于 4 孔ϕ100 mm。

5 综合管道与综合杆、综合设备箱和综合电源箱的连通管道数量、规格应与杆、箱基础内预埋管一致。

6 当施工条件限制达不到规定孔数或孔径时，应优先调整管道孔径，但不应小于ϕ50 mm。

4.4.4 综合管道的管材设计应符合下列规定：

1 在人行道、绿化带、分隔带和非机动车道（除机非共板的非机动车道外）下建筑的综合管道宜采用塑料电缆导管，管材宜满足现行行业标准《电力电缆用导管技术条件　第 3 部分：氯化聚氯乙烯及硬聚氯乙烯塑料电缆导管》DL/T 802.3 的相关规定。管道内径宜采用 100 mm，施工条件限制时，可采用 70 mm 或 50 mm。

2 在机动车道(包含机非共板的非机动车道)下的管道宜采用热镀锌钢管,管道内径宜采用 100 mm,施工条件限制时,可采用 70 mm 或 50 mm。

3 子管宜采用 PE 塑料管或其他新型材料的软管,子管内径宜采用 32 mm 或 28 mm。同一孔内敷设多孔子管时,子管应采用不同颜色。

4.4.5 综合管道的埋设设计应符合下列规定:

1 综合管道组群与组合宜采用 4 列×2 行(8 孔)或 3 列×2 行(6 孔)或 2 列×2 行(4 孔)方式埋设。

2 综合管道的埋设深度宜符合国家标准《通信管道与通道工程设计标准》GB 50373—2019 中表 7.0.1 的规定。当达不到要求时,应采用混凝土包封或钢管保护。

4.4.6 手孔的设计应符合下列规定:

1 手孔位置的设置应符合下列规定:

1) 综合杆、综合设备箱、综合电源箱旁应设置手孔。

2) 连接管道两端应设置手孔。

3) 预留的杆、箱基础及管道末端应设置手孔。

2 手孔型号宜根据综合管道的容量大小确定,可按表 4.4.6 规定选择。当采用非标准的手孔时,手孔的规格、荷载和强度应满足设计要求。

表 4.4.6 常用管孔容量与手孔型号选择对照表

手孔型号	管孔容量 (单一方向,标准孔径 100 mm)	适用位置
550 mm×550 mm	6 孔以下	人行道或绿化带或隔离带
700 mm×900 mm	6 孔~12 孔	非机动车道或机动车道
900 mm×1 200 mm	12 孔以上	综合设备箱、综合电源箱旁

3 井盖应符合现行国家标准《检查井盖》GB/T 23858 的相关规定,并符合下列规定:

1）宜选用直径 650 mm 或 700 mm 圆形井盖,并标注建设年份。文字应采用方形,字体高度应为 4.5 cm,表面应有突起的防滑花纹,且平整,平整度偏差不应超过 ±2 mm。

2）有景观需求时,可采用装饰井盖,井盖面宜保留"综合"二字。装饰井盖可采用不锈钢圆形井框或者方形井框,边角应刻印"综合"二字;如装饰井盖埋置于绿化带内,应适当加深,满足绿化覆土深度的要求。

4.5 供配电

4.5.1 综合杆设施的供配电系统设计应符合现行国家标准《供配电系统设计规范》GB 50052 的相关规定,并应符合下列规定:

1 综合杆设施的用电负荷为三级负荷,重要道路的用电负荷可为二级负荷。

2 已建城市道路中综合杆设施的供电应优先采用既有电源扩容方式,用电容量的扩容应不大于 50 kW。

3 宜使三相负荷平衡。最大相负荷不宜超过三相负荷平均值的 115%,最小相负荷不宜小于三相负荷平均值的 85%。

4.5.2 配电系统应采用地下电缆线路供电,宜采用链式和放射式相结合的供电方式,并符合下列规定:

1 综合电源箱至综合设备箱采用链式供电,综合设备箱至终端用电设备采用放射式供电。

2 道路照明和交通信号控制系统设施由综合电源箱供电。

4.5.3 配电系统应具有短路保护和过负荷保护,并应符合现行国家标准《低压配电设计规范》GB 50054 的相关规定。

4.5.4 正常运行时,综合电源箱至综合设备箱、交通信号控制系统设施进线端的电压降应不大于 5%。

4.5.5 供电电缆敷设应符合现行国家标准《电力工程电缆设计标

准》GB 50217 的相关规定,并应符合下列规定:

1 每管宜敷设 1 根电缆,同一类用电设施电缆每管(含子管)敷设不多于 3 根。

2 配电电缆宜选用交联聚乙烯绝缘、聚氯乙烯护套铜芯电缆。

4.6 接地系统

4.6.1 综合杆设施的接地型式应采用 TT 系统或 TN-S 系统,应符合现行国家标准《低压配电设计规范》GB 50054 的相关规定。当采用剩余电流保护装置时,还应符合现行国家标准《剩余电流动作保护装置安装和运行》GB 13955 的相关规定。

4.6.2 综合杆、综合设备箱、综合电源箱及搭载的电子信息设备的电气保护接地、防雷接地和工作接地共用接地装置,接地电阻应不大于 4 Ω。

4.6.3 接地装置的选择和敷设应符合现行国家标准《交流电气装置的接地设计规范》GB/T 50065 的相关规定。宜利用基础钢筋作为自然接地体,所有接地体宜采用水平接地线相连接。

4.6.4 综合杆、综合设备箱、综合电源箱内应配置接地端子排,端子数量根据需求确定。接地端子排宜采用具有防腐涂层的铜排,其截面积应符合现行国家标准《交流电气装置的接地设计规范》GB/T 50065 的相关规定。接地端子排应采用单独的保护导体与接地体和接地线相连接。

4.6.5 除严禁保护接地的设备外,综合杆、综合设备箱、综合电源箱及搭载的电子信息设备的外露可导电部分均应与保护导体相连接,并与接地端子之间具有可靠的电气连接。

4.6.6 综合杆应根据周边地理环境进行雷电风险评估,直击雷防护应符合现行国家标准《建筑物防雷设计规范》GB 50057 的相关规定。

4.6.7 综合设备箱、综合电源箱的母线上应按现行国家标准《低压电涌保护器(SPD) 第 12 部分:低压配电系统的电涌保护器选择和使用导则》GB/T 18802.12、《低压电涌保护器（SPD） 第 22 部分:电信和信号网络的电涌保护器(SPD)的选择和使用导则》GB/T 18802.22 的相关规定选择和设置电涌保护器。

5 施 工

5.1 一般规定

5.1.1 施工单位在进场施工前应编制施工组织设计。施工组织设计的编制应符合现行国家标准《建筑施工组织设计规范》GB/T 50502、《市政工程施工组织设计规范》GB/T 50903 和现行上海市工程建设规范《文明施工标准》DG/TJ 08—2102 的相关规定,并应符合下列规定:

    1 新建城市道路上综合杆设施的施工组织设计应服从道路主体工程要求编制。

    2 已建成城市道路结合大中修改造、市政工程建设或专项组织工程建设综合杆设施时,施工组织设计应整体服从道路主体工程要求,并考虑其他附属工程要求后协同组织编制。

    3 在建成道路上结合架空线入地工程同步建设综合杆设施的,还应满足上海市工程建设规范《文明施工标准》DG/TJ 08—2102 的要求。

    4 应根据综合杆设施特点,编制专项施工组织设计。

5.1.2 施工单位在进场施工前,应对施工现场进行检查,检查项目应符合现行行业标准《公路工程施工安全技术规范》JTG F90 的规定,并应符合下列规定:

    1 已建成城市道路进场施工前,应进行地下、地上设施的勘探和排摸。勘探和排摸单位应向施工单位、监理单位进行前期勘探和排摸交底,施工人员应充分掌握地下空间及管线分布情况,掌握地上杆、箱和设施的布设状况,监理单位负责监督实施。

2 施工中涉及现有杆上设施迁移的,应与相关权属单位落实迁移方案。

3 施工中涉及影响地下管线或其他设施的,应在开始施工前,根据设计资料和物探资料与各权属单位现场交底,针对性的编制管线保护方案或其他设施专项保护方案。在取得各权属单位认可,并确认不影响现有管线及设施情况下方可施工。

5.1.3 监理单位编制的监理规划、监理细则应符合现行国家标准《建设工程监理规范》GB/T 50319 的相关规定,并应符合下列规定:

1 应根据综合杆深化设计图纸和经批准的专项施工方案,编制综合杆驻厂监造、出厂验收、到场检验及综合杆装配、吊装、电气贯通和防雷接地等工序的专项监理细则。

2 应根据综合设备箱、综合电源箱的设计图纸和经批准的专项施工方案,编制综合设备箱、综合电源箱的出厂验收、到场检验、箱内配置、箱体安装、箱体"隐形化"及供配电、线缆敷设和防雷接地等工序的专项监理细则。

3 应根据综合管道的设计图纸和经批准的专项施工方案,编制综合管道敷设、手孔建筑和地下管线保护等工序的专项监理细则。

5.1.4 工程中使用的主要设备和材料的包装、运输应符合本标准及现行国家标准《机电产品包装通用技术条件》GB/T 13384 和《一般货物运输包装通用技术条件》GB/T 9174 的相关规定。主要设备和材料运输到达现场后,总包单位、设备供货方、业主及监理人员共同进行核检和验收,确认运输中未造成损坏、变形、外表损害等问题。不符合要求的,不予签字确认且责令清退出场。

5.1.5 施工完成后的验收测量应符合现行国家标准《工程测量标准》GB 50026 的相关规定,并应符合下列规定:

1 跟测结果应包括综合杆、综合设备箱、综合电源箱和手孔坐标及综合管道的材质、数量、长度、标高等数据。

2 测量点平面位置中误差不得大于±10 cm(相对于邻近平面控制点)。

3 测量点高程中误差不得大于±5 cm(相对于邻近高程控制点)。

4 测量点与邻近地上建(构)筑物、道路中心线及相邻管线的间距中误差不得大于图上±0.5 mm。

5 定位数据值精度应为 0.01。

5.1.6 应结合工程建设采集综合杆设施数据,具体采集内容、时间、格式应符合本标准附录 H 的规定。

5.2 综合杆

5.2.1 监理单位应组织对综合杆制造进行驻厂检验检查,检验检查应符合本标准附录 A 的规定,并符合下列规定:

1 综合杆各部件材料检验检查应符合下列规定:

1) 所选用的高强度钢材应符合产品设计规定,钢板厚度应用游标卡尺或测厚仪测量,每批次钢材厚度检查数量应不少于 5 处。对于不同生产厂家、不同牌号的材料,应随机抽取 2 个样段送实验室检验,检验内容应符合现行国家标准《低合金高强度结构钢》GB/T 1591 的相关规定。

2) 所选用的铝合金型材截面应符合产品设计规定,对于不同生产厂家、不同牌号的材料,应随机抽取 2 个样段送实验室检验,检验内容应符合现行国家标准《变形铝及铝合金化学成分》GB/T 3190 的相关规定。

2 综合杆钢结构部件焊接质量的检验检查每批次应不少于 20%。

3 综合杆各部件表面涂层的检验检查每批次应不少于 20%。

4 应对综合杆各部件进行形态检验,采用水平尺或坡度仪等设备对部件的垂直度、法兰平整度等进行全数检验。

5.2.2 综合杆各部件的出厂检验、包装及运输应符合本标准附录 A 的相关规定,并应符合下列规定:

1 应核对综合杆各部件的型号、数量、铭牌。

2 应检查综合杆各部件的外观,不得出现明显的外观质量缺陷。

3 应核对产品合格证、质检报告、试验报告及产品安装使用说明书、装箱单等出厂文档资料。

4 监理单位应组织参与对综合杆各出厂部件进行出厂检验,检验合格、签字确认后方可允许出厂。

5.2.3 综合杆各部件到场检查应符合下列规定:

1 应按照装箱单清点装箱内容。

2 应检查综合杆各部件的规格、型号、技术参数、生产日期、制造商名称等内容,确保外观无明细破损。

3 检验完成后由施工单位填写"开箱验收记录",报监理单位复核。

4 监理单位应组织对综合杆各到场部件进行复核检查,复核合格、签字确认后方可允许装配。

5.2.4 综合杆的装配应符合国家标准《钢结构施工规范》GB 50755—2012 中第 7.3 节、第 9.3 节和第 11.2 节的规定,并应符合下列规定:

1 应熟悉施工图、装配工艺及相关技术文件要求,检查综合杆部件及装配辅材等满足设计要求。

2 宜采用专用支架辅助综合杆装配,各部件装配偏差值应符合本标准附录 A 中表 A.5.10 的规定,并应符合下列规定:

　　1)应用水平仪测量主杆与副杆法兰、主杆与横臂法兰平整度。

　　2)应检查主检修门、横臂及灯臂的装配方向。

3 综合杆装配完成后应检查杆体涂层,并进行电气贯通性测试,任意两点间的连接电阻应不大于 0.1 Ω。

4 监理单位应对综合杆装配所采用的螺栓进行见证取样且标签密封,由施工单位送有资质的实验室对螺栓的机械性能进行检测,施工单位检查各空心螺栓、拉铆螺栓、防水堵头等缺失情况,检查合格后,申请施工单位技术部门开具的"吊装令"后方可允许吊装,监理单位负责监督施工。

5.2.5 综合杆吊装应符合现行行业标准《城市道路照明工程施工及验收规程》CJJ 89 和现行国家标准《起重机械安全规程》GB 6067 的相关规定,并应符合下列规定:

1 吊装前应检查基础预埋螺栓的规格、垂直度及丝牙,核对预埋螺栓的分布圆和孔间距,并检查基础内预埋管线规格、数量,应符合设计要求。

2 检查综合杆吊装区域空间环境,设定施工安全保护距离。夜间施工时应确保吊装区域照明充足。

3 综合杆起吊点应选择主杆或横臂,严禁使用副杆。

4 杆体与基础预埋螺栓对接时应核对综合杆的朝向和方位,对接后应进行杆体垂直度调整。杆体连接应紧固,紧固后螺栓丝牙露出螺帽应大于 3 丝。

5 综合杆吊装后应按本标准表 4.2.11 规定复核垂直度、偏移值和水平夹角。

6 应按设计要求对杆体底法兰和基础预埋螺栓、螺母做"隐形化"包封,并对杆体表面做临时保护。

7 施工单位必须检查综合杆起吊点位置,检查地脚螺栓紧固,检验杆体朝向、方位和垂直度、偏移值、水平夹角,测试接地电阻等是否符合设计要求,由监理单位现场监督检查项目经理、技术人员、安全生产管理人员是否到岗履职,是否按批准的吊装施工方案执行。

5.2.6 综合杆的基础施工应分别符合现行国家标准《建筑地基基础工程施工规范》GB 51004、《混凝土结构工程施工规范》GB

50666 和现行行业标准《建筑桩基技术规范》JGJ 94 的相关规定，并应符合下列规定：

    1 靠近机动车道一侧的基坑开挖宜采用台阶状。距离基坑底部设计标高约 20 cm～30 cm 处应采用人工开挖，后期回填宜采用级配碎石土，分层回填，分层压实，压实厚度不大于 30 cm。

    2 监理单位应组织对综合杆扩展基础的基坑尺寸、地基承载力进行核验，并重点检查基础钢筋型号、钢筋绑扎间距、模板工程、基础预埋件规格、接地装置等，符合设计要求并签字确认后，方可允许基础浇筑施工。

    3 监理单位应组织对钢管桩基础的规格、长度、钢板厚度、焊缝质量及质保资料等进行检查，符合设计要求并签字确认后，方可允许压桩施工。

5.2.7 综合杆上搭载设施的施工应符合相关标准规范要求，并应符合下列规定：

    1 杆上搭载设施的安装部位、搭载方式、连接件式样和材质等均应满足设计要求。

    2 应根据搭载设施功能要求制定专项施工方案。已建设施迁移搭载时还应制定过渡保障方案，不宜长时间影响（或中断）搭载设施功能。

    3 搭载设施采用卡槽方式搭载时应符合下列规定：

        1） 应增加连接件安装搭载设施。连接件颜色、式样、规格、材质和承载性能应符合设计要求。

        2） 连接件与卡槽之间利用滑块固定，滑块的式样、规格、材质和承载性能应符合附录 A 的规定。

        3） 施工时应确保连接件、滑块和杆体之间贴合、紧固，并避免对杆体表面涂层破坏。

    4 搭载设施采用抱箍方式搭载时应符合下列规定：

        1） 搭载道路照明灯具的抱箍应符合本标准附录 A 中图 A.1.5 的规定。搭载其他设施的抱箍颜色、式样、规格、材质和承载性能应符合设计要求。

　　2）应使用双螺母紧固,紧固后应对螺栓进行检查。

　　5 副杆顶部设施搭载时应确保顶部搭载设备法兰与副杆顶部法兰的平整性,搭载设施应垂直于副杆中心线,并做好顶部法兰的防水。

　　6 监理单位应检查杆上搭载设施的搭载位置和方式,复核连接件、螺栓等紧固,测试搭载设施的接地电阻,电子信息设备还应进行系统联调测试。

　　7 搭载设施应按本标准附录 G 统一编码,并接入综合杆设施管理平台。

5.2.8 综合杆内线缆敷设应符合下列规定:

　　1 应根据设计要求分舱敷设。

　　2 搭载于同一部件的设备线缆敷设时应避免交叉缠绕。

　　3 综合杆内接地排的安装应紧固,不应影响杆内其他线缆的敷设。宜使用接地母线作为接地跨接线,接地跨接线与杆内接地端子连接应符合国家标准《电气装置安装工程母线装置施工及验收规范》GB 50149—2016 中第 3.1.8 条的规定。

5.3 综合设备箱、综合电源箱

5.3.1 综合设备箱、综合电源箱的出厂检验、包装及运输应分别符合本标准附录 B 和附录 C 的规定,并应符合下列规定:

　　1 应核对综合设备箱、综合电源箱的型号、数量、铭牌。

　　2 应检查综合设备箱、综合电源箱的外观,不得出现明显的外观质量缺陷。

　　3 应检查综合设备箱、综合电源箱的箱内配置,包含缺省配置和工程所需的特定配置,满足设计要求。

　　4 应核对产品合格证、质检报告、试验报告及产品安装使用说明书、装箱单等出厂文档资料。装配电子锁(或密码锁)的,还应提供相关编号和密码。

5 监理单位应组织参与对综合设备箱、综合电源箱进行出厂检验,检验合格、签字确认后方可允许出厂。

5.3.2 综合设备箱、综合电源箱的到场检验应符合下列规定:

1 应按照装箱单清点装箱内容。

2 应检查综合设备箱、综合电源箱的规格、型号、技术参数、生产日期、制造商名称等内容,确保外观无明细破损。

3 检验完成后由施工单位填写"开箱验收记录",报监理单位复核。

4 监理单位应组织对综合设备箱、综合电源箱进行复核检查,复核合格、签字确认后方可允许安装。

5.3.3 综合设备箱、综合电源箱的安装应符合国家标准《电气装置安装工程 盘、柜及二次回路接线施工及验收规范》GB 50171—2012 中第 4 节的规定。并应符合下列规定:

1 安装前,应检查基础预埋螺栓的规格、垂直度及丝牙,核对预埋螺栓的分布间距,并检查基础内预埋管线规格、数量,符合设计要求。

2 安装时,应核对机箱的朝向和方位,并注意避让周边建筑、设施和绿化等,满足箱门正常开启。安装在绿化带中的机箱应保持周围排水通畅。

3 机箱连接应紧固,螺栓紧固应符合相关规范要求。

4 机箱底座与基础之间的缝隙应采用防水材料封堵,进线孔在穿线完成后应用防火泥进行封堵,防止返潮及动物进入箱体。

5 监理单位应检查机箱安装位置、朝向、方位和垂直度等是否符合设计要求。

5.3.4 综合设备箱、综合电源箱基础施工按照本标准第 5.2.6 条规定要求执行。

5.3.5 综合设备箱、综合电源箱内配电装置的施工应符合现行国

家标准《电气装置安装工程　低压电器施工及验收规范》GB 50254 的相关规定,并应符合下列规定:

　　1　应按照设计要求分舱布置。

　　2　舱内设备布置应整齐、有序、牢固。采用壁挂式安装的设备中心线应在同一水平线,安装时宜从左至右有序安装,并注意线缆弯曲半径符合相关规定要求。采用盘式安装的设备正面宜朝舱门方向,叠加堆放时还应注意设备散热和干扰,必要时,宜配置专用支架。

　　3　箱内线缆应沿槽敷设,强、弱电分离。连接电缆应采用绝缘导线,导线接头不得松动,不得外露带电部分。

5.3.6　综合设备箱、综合电源箱安装完成后应进行通电调试及接地电阻测试,调试、测试合格后方能投入使用。

5.4　综合管道

5.4.1　综合管道的施工宜符合现行国家标准《通信管道工程施工及验收标准》GB/T 50374 的相关规定。

5.4.2　综合管道的路由、建筑位置和容量、管材、敷设工艺等应满足设计和技术规范的要求。

5.4.3　手孔的规格、程式、建筑位置和井盖规格等应满足设计和技术规范的要求。

5.4.4　新建城市道路上综合管道的建设宜与城市地下管线同步建设。

5.4.5　已建成城市道路上综合管道建设时,应避让现有地下管线。穿越现有地下管线时的最小净距应满足设计的要求,并应符合下列规定:

　　1　与其他需要穿越的管线做好现场交底和物探,明确需穿越管线的管孔数、管径、材质、埋深等情况。

　　2　在穿越管线施工时,应注意现有管线的保护,做好管线保护方案和施工的应急预案。

5.4.6 与搭载设施的用户通信管道、公用信息管道及其他需要的管道贯通应符合下列规定：

1 施工前,应与搭载设施用户沟通并确认施工保障方案,不宜影响现有搭载设施功能。

2 沟通其他搭载设施的人(手)孔时,应不能破坏原有人(手)孔的结构。

5.5 供配电

5.5.1 综合杆设施的供配电系统施工应满足国家标准《电气装置安装工程 电缆线路施工及验收标准》GB 50168—2018 中第 6.1节和第 6.3 节的规定和设计要求,并应满足下列要求:

1 对进场电缆额定电压、型号规格进行检查,并现场取样送实验室检验。

2 综合电源箱至综合设备箱采用链式供电,应按照设计要求保证"三相平衡"。

3 综合设备箱进线电缆在管道中应无接头;如有接头,应设置在综合井内并满足国家标准《电气装置安装工程 电缆线路施工及验收标准》GB 50168—2018 中第 7.1 节的规定。

4 电缆芯线的连接宜采用压接方式,压接面应满足电气和机械强度要求。

5 电缆金属保护管应有良好的接地保护,系统接地电阻不得大于 4 Ω。

6 电缆敷设和电缆接头预留量宜符合设计要求,电缆长度宜为电缆路径长度的 110%。

7 电缆敷设供电距离应满足设计要求。

5.5.2 电缆敷设完成后应按本标准附录 G 进行编码并标记。

5.6 接地系统

5.6.1 综合杆设施的接地应满足现行国家标准《电气装置安装工程 接地装置施工及验收规范》GB 50169 的相关规定,并应符合下列规定:

1 综合杆设施的接地方式和接地装置材料、敷设应符合设计要求。

2 综合杆、综合设备箱、综合电源箱内置接地装置的规格、数量、材料应符合设计要求。

5.6.2 水平接地装置材料宜选用热镀锌扁钢,并应与综合管道同沟槽敷设。水平接地装置与综合杆设施之间宜选用热镀锌扁钢或接地母线连接接地。接地线、接地极的连接应符合国家标准《电气装置安装工程 接地装置施工及验收规范》GB 50169—2016 中第 4.3 节的规定。

6 验 收

6.1 一般规定

6.1.1 工程质量验收应遵循国家标准《建筑工程施工质量验收统一标准》GB 50300 中第 3 章和第 6 章的规定。

6.1.2 单位工程质量验收应依据表 6.1.2 的规定进行分部工程、分项工程划分。

表 6.1.2 分部工程、分项工程划分

序号	分部工程	分项工程	备注
1	综合杆	综合杆	
2	综合设备箱、综合电源箱	综合设备箱、综合电源箱	
3	隐蔽工程	基础、综合管道、接地	
4	线缆工程	电力	

6.1.3 每个分项工程中应有主控项目和一般项目,所有的主控项目验收测试应全部满足本标准要求。主控项目若有一项达不到要求或一般项目合格率低于 80%,该分项工程为不合格;若分项工程为不合格,则相应分部工程也为不合格。一个单位工程内不容许存在不合格的分部工程。

6.1.4 工程质量验收测试项目应达到本标准规定的测试要求,监理单位的抽样测试和项目规定的第三方测试、测评应独立完成,并具有相应的记录。

6.1.5 当国家规定或合同约定应对材料进行见证检验或对材料质量发生争议时,应进行见证检验。

6.1.6 项目验收基础设施信息的采集应按照本标准附录H的规定执行。

6.2 综合杆

Ⅰ 检测检验

6.2.1 查验厂家提供的钢材、铝合金型材和连接螺栓的质检报告,并查验同一生产厂家、同一牌号的材料金属物理性能第三方检测报告和厂家检验报告。

　　检验数量:全数检查。

　　检验方法:查阅质保资料、厂家检验报告、第三方检测报告。

6.2.2 检查厂家提供的镀锌、喷塑质量检验报告及焊缝质量检验报告。

　　检验数量:全数检查。

　　检验方法:查阅质保资料、检验报告。

6.2.3 检查主杆、横臂、副杆、灯臂等部件的计算书、使用说明书和第三方检测报告。

　　检验数量:全数检查。

　　检验方法:查阅资料、第三方检测报告。

Ⅱ 主控项目

6.2.4 主杆、横臂、副杆、灯臂等部件的材质和规格、型号、品种、外形尺寸、性能应满足设计及国家规范要求。

　　检验数量:同一生产厂家、同一牌号的材质抽检1组。

　　检验方法:查阅质检报告、厂家检验报告、第三方检测报告。

6.2.5 焊接材料的规格、品种、性能应满足设计及国家规范要求。

　　检验数量:同一生产厂家、同一牌号的材料抽检1组。

　　检验方法:查阅质检报告。

6.2.6 焊接的外观和质量应满足设计及国家规范要求。

　　检验数量:全数检查。

　　检验方法:查阅质检报告、监理驻厂检验报告。

6.2.7 8.8 级以上的普通螺栓应进行抗拉强度、屈服强度、延伸率检验,其检验结果应符合现行规范及设计要求。

检验数量:同一生产厂家、同一牌号的普通螺栓,每 3 000 套抽检 1 组。

检验方法:查阅质检报告。

6.2.8 综合杆热浸锌厚度及零部件加工应满足设计要求。

检验数量:全数检查。

检验方法:查阅锌液成分检测报告、锤击试验报告、硫酸铜实验报告、监理驻厂检测报告。

6.2.9 综合杆喷涂层的附着力应达到现行国家标准《色漆和清漆 漆膜的划格试验》GB/T 9286 中规定的 1 级要求;喷涂层的硬度应符合现行国家标准《色漆和清漆 铅笔法测定漆膜硬度》GB/T 6739 的相关规定;冲击强度不应小于 50 kg/cm^2,并应符合现行国家标准《漆膜耐冲击测定法》GB/T 1732 的相关规定。

检验数量:同一厂家、同一批次抽检 1 组。

检验方法:查阅厂家检验报告、监理驻厂检测报告。

6.2.10 杆件喷涂层外观表面应光滑、平整、无露铁、起皮、细小颗粒和缩孔等涂装缺陷,喷涂层厚度应不小于设计要求。

检验数量:外观抽查综合杆全数的 10%,厚度按同一厂家、同一批次抽检 1 组。

检验方法:外观观察检查及查阅第三方检测报告。

6.2.11 综合杆中心垂直度应符合本标准表 4.2.11 的要求。

检验数量:抽查安装杆件的 10%,且不少于 10 根杆件,少于 10 根时全数检查。

检验方法:查阅施工、监理报告,并用器具现场量测。

Ⅲ 一般项目

6.2.12 运输、堆放和吊装等造成的综合杆部件变形、涂层脱落,应进行矫正和修补。

检验数量:按构件数量抽查10%,且不应少于10个。

检验方法:用拉线、钢尺现场实测或观察。

6.2.13 综合杆下法兰、地脚螺栓、横臂及灯臂与道路中心线水平夹角的安装允许偏差应符合本标准表 4.2.11 的要求。

检验数量:每检验批抽查总数的10%,且不少于2处。

检验方法:经纬仪、尺量。

6.3 综合设备箱、综合电源箱

Ⅰ 检测检验

6.3.1 查验厂家提供的不锈钢钢材质检报告及每一进厂批次不锈钢的进厂检验报告、第三方检测报告。

检验数量:按材料进厂批次。

检验方法:查阅质保资料、进厂检验报告、第三方检测报告。

6.3.2 检查厂家提供的喷涂质量检验报告。

检验数量:按综合设备箱、综合电源箱出厂批次。

检验方法:查阅出厂检验报告。

6.3.3 检查厂家提供的 CQC 认证证书、型式试验报告、产品说明书、合格证、维护手册。

检验数量:按综合设备箱、综合电源箱出厂批次。

检验方法:查阅质保资料、第三方检测报告。

Ⅱ 主控项目

6.3.4 综合设备箱、综合电源箱的材质、防护等级、型号、规格必须符合设计要求。

检验数量:材质厂家按进厂批次抽查1组。

检验方法:检查质保资料、第三方检测报告。

6.3.5 综合设备箱、综合电源箱的布置应符合本标准第 4.3.3 条的要求。

检验数量：抽查综合设备箱、综合电源箱全数的 10% ，且不少于 1 处。

检验方法：钢尺测量。

6.3.6 综合设备箱、综合电源箱的安装应符合本标准第 4.3.5 条的要求。

检验数量：抽查综合设备箱、综合电源箱全数的 10% ，且不少于 1 处。

检验方法：目测。

6.3.7 综合设备箱、综合电源箱内各类线缆布设应符合本标准第 4.3.9 条的要求。

检验数量：抽查综合设备箱、综合电源箱全数的 10% ，且不少于 1 处。

检验方法：目测。

6.3.8 综合设备箱、综合电源箱外部电源输入及各输出回路均应设置独立的过流、短路保护装置，保护装置的额定值应与输入及输出回路的额定值相匹配。

检验数量：抽查综合设备箱、综合电源箱全数的 10% ，且不少于 1 处。

检验方法：目测。

6.3.9 综合电源箱内部的电气配件应完整、有效，电气开关、互感器和仪表应功能正常，性能良好，安全防护装置不得有失效现象。

检验数量：全数检查。

检验方法：目测。

6.3.10 综合设备箱的进线电压降应不大于 5% ，综合电源箱的三相平衡度偏差不应超过 15% 。

检验数量：抽查综合设备箱、综合电源箱全数的 10% ，且不少于 1 处。

检验方法：现场量测、查阅测试记录。

6.3.11 综合设备箱、综合电源箱应能实现运行状态监测,包括输入电压、电流、箱内温度、风扇启闭状态箱门状态、底部积水状态及用户舱的电压、电流、功率、温度等,能及时给出告警信息,可接受远程控制。

检验数量:抽查综合设备箱、综合电源箱全数的10%,且不少于1处。

检验方法:量测,并与信息平台数据对照。

Ⅲ 一般项目

6.3.12 综合设备箱、综合电源箱的颜色、外观、规格、垂直度、平行度、平整度应符合设计要求,箱门开关自如。

检验数量:抽查综合设备箱总数的10%,且不少于1处。

检验方法:目测并用尺量。

6.3.13 综合电源箱基础的型钢厚度不应小于3 mm,安装应平整,水平度偏差不应大于1 mm,全长偏差不大于5 mm。

检验数量:抽查控制箱总数的10%,且不少于1处。

检验方法:水平仪或拉线尺量检查。

6.4 基础工程

Ⅰ 检测检验

6.4.1 在基础开挖完成后应及时对地基承载力进行检测,基础完成符合要求后应及时进行分层回填工作并对回填层进行压实度检测。

1 对于拟进场的钢筋原材收集质检报告并及时进行拉伸、弯曲及重量偏差第三方检测。

2 如在施工中钢筋有焊接的,施工单位需对焊接接头进行第三方拉伸试验检测。

3 基础混凝土浇筑时,应进行混凝土试块的制作,并进行养护,到期后应对混凝土进行抗压强度检测。

4 对同一道路的基础回填应进行不少于2处回填压实度的检测。

5 对于钢筋原材的检测,应以同牌号、同炉号、同规格、同交货状态的钢筋,每60 t为一批,不足60 t也按一批计,每批抽检1组进行拉伸、弯曲及重量偏差检测;钢筋焊接接头按每300个接头为一批,每批抽检1组进行拉伸强度检测。

6 应检测混凝土抗压强度。

检验数量:一检验批应留置1组试块,且每单位工程不应少于3组。

检验方法:查阅第三方检测报告。

6.4.2 应对预埋地脚螺栓进行抗拉强度、屈服强度、延伸率检验,其检验结果应符合设计要求。

检验数量:按同一厂家、同一批次、同一规格抽检1组。

检验方法:查阅质检报告、第三方检测报告。

6.4.3 应查验钢管桩厂家提供的钢板质检报告、进厂检验报告、第三方检验报告。

检验数量:按钢板进厂批次进行检查。

检验方法:查阅质检报告、进厂检验报告及第三方检验报告。

6.4.4 钢管桩进场时厂家应提供钢管桩焊缝质量、镀层厚度第三方检测报告及出厂检验报告。

检验数量:按钢管桩生产批次进行检查。

检验方法:查阅出厂检验报告及第三方检测报告。

6.4.5 查验钢管桩设计计算书,单桩承载力第三方检测报告。

检验数量:单桩承载力对于相似地质条件的同期工程,检测数量不小于总桩数的5‰,且不得少于5根;当总桩数小于50根时,检测数量不应小于2根。

检验方法:查阅第三方检测报告及相关资料。

Ⅱ 主控项目

6.4.6 地基承载力及回填土压实度应满足本标准第 4.2.9、4.2.10 条和设计要求。

检验数量:现场随机。扩大基础地基承载力检测,每个单项工程不少于 2 处;对于相似地质条件的同期工程,钢管桩地基检测数量不小于总桩数的 5%,且不得少于 5 根;回填压实度按同一条道路不少于 2 组。

检验方法:查阅第三方检测报告。

6.4.7 材料应符合下列要求:

1 钢筋、焊条的品牌、牌号、规格和技术性能必须符合国家现行标准规定和设计要求。

检验数量:全数检查。

检验方法:查阅产品合格证、出厂检验报告。

2 钢筋进场时,必须按批抽取试件做力学性能和工艺性能试验,其质量必须符合国家现行标准的规定。

检验数量:以同牌号、同炉号、同规格、同交货状态的钢筋,每 60 t 为一批,不足 60 t 也按一批计,每批抽检 1 次。

检验方法:查阅检测报告。

3 当钢筋出现脆断、焊接性能不良或力学性能显著不正常等现象时,应对该批钢筋进行化学成分检验或其他专项检验。

检验数量:该批钢筋全数检查。

检验方法:查阅专项检验报告。

6.4.8 钢筋焊接接头质量应符合现行行业标准《钢筋焊接及验收规程》JGJ 18 的相关规定和设计要求。

检验数量:外观质量全数检查;力学性能检验做拉伸和弯曲试验。

检验方法:目测、用钢尺量、检查接头性能检验报告。

6.4.9 钢筋及预埋件安装时,其品种、规格、数量、形状应符合设计要求。

检验数量:全数检查。

检验方法:目测、用钢尺量。

6.4.10 混凝土强度等级应符合现行国家标准《混凝土强度检验评定标准》GB/T 50107 的相关规定检验评定,其结果应满足设计要求。

检验数量:全数检查。

检验方法:查阅第三方检测报告。

6.4.11 钢管桩防腐措施应符合设计要求。

检验数量:抽查进场钢管桩的 30%。

检验方法:查阅出厂检验报告、第三方检测报告及仪器检查。

Ⅲ 一般项目

6.4.12 基坑开挖长、宽、高尺寸应不小于设计规定。

检验数量:全数检查。

检验方法:查阅隐蔽工程记录。

6.4.13 现浇混凝土基础允许偏差应符合设计要求。

检验数量:全数检查。

检验方法:查阅隐蔽工程记录。

6.4.14 钢管桩外形尺寸偏差、垂直度及桩顶标高应满足设计要求。

检验数量:每根桩抽查 1 点。

检验方法:尺量。

6.5 综合管道

Ⅰ 检测检验

6.5.1 钢管应检测拉伸性能及壁厚;柔性管应检测材料密度、内径、环刚度、壁厚、落锤冲击、轴向及环向拉伸强度、扁平测试。

检验数量:对于进场的管材按同一规格、同一批次进行1组抽检。

检验方法:查阅第三方检测报告。

6.5.2 手孔砌筑用混凝土实心砖、商品砂浆及井盖应进行第三方检测,混凝土实心砖应做抗压强度试验,商品砂浆需要做砂浆强度试验,井盖应做承载能力试验。

检验数量:混凝土实心砖按同一单位工程为一批,进行1组抽检;商品砂浆抗压强度每一检验批抽检1组;井盖按同一规格、同一批次进行1组抽检。

检验方法:查阅质保资料、第三方检测报告。

Ⅱ 主控项目

6.5.3 管道的材质应符合设计要求。

检验数量:进场的管道按同一规格、同一批次抽检数量不少于1组。

检验方法:查阅第三方检测报告。

6.5.4 管道的规格、质量、敷设位置、管道接续处理、管底垫层质量应符合设计要求。

检验数量:全数检查。

检验方法:查阅隐蔽工程记录。

6.5.5 砌井砂浆强度应符合设计要求。

检验数量:每检验批抽检1组。

检验方法:查阅第三方检测报告。

6.5.6 手孔的建筑位置、分歧形式、砌体及墙面处理、混凝土浇筑质量应符合设计要求。

检验数量:全数检查。

检验方法:查阅隐蔽工程记录。

6.5.7 手孔井盖的材质、质量应符合设计要求。

检验数量:同一厂家、统一规格抽检1组。

检验方法:检查质保资料、查阅第三方检测报告。

6.5.8 管道的结构特征明显,外观应颜色一致,内壁应光滑、平整、无毛刺。管道应无裂缝、凹陷及可见的缺损,管口不得有损坏、裂口、变形等缺陷。管道外壁应有统一标识。

6.5.9 管道的回填材料应符合设计要求。

　　检验数量:每检验批抽检 2 组。

　　检验方法:查阅第三方检测报告。

6.5.10 管道的弯曲半径应不小于管道内径的 10 倍。

　　检验数量:按每个检验批的管道弯头总数抽查 10% 且不少于1 个弯头。

　　检验方法:查阅隐蔽工程记录。

6.5.11 在管道内敷设子管时,子管不得跨手孔敷设,在管道内也不得有子管接头。

　　检验数量:管道总数抽查 10%,且不少于 1 处。

　　检验方法:查阅隐蔽工程记录。

6.5.12 进入综合设备箱、综合电源箱内的管口设置应满足设计要求。

　　检验数量:按每检验批的综合电源箱、综合设备箱总数抽查10%,且不得少于 1 只。

　　检验方法:目测并用尺量。

6.5.13 手孔的规格、四壁、铁件安装、上覆等应符合设计要求。

　　检验数量:抽查手孔总数的 10%,不少于 1 处。

　　检验方法:目测并用尺量。

6.6 接地系统

Ⅰ 检测检验

6.6.1 综合杆、综合设备箱、综合电源箱接地电阻测试值应符合设计要求。

检验数量:全数检查。

检验方法:查阅接地电阻测试记录。

Ⅱ 主控项目

6.6.2 接地装置材料规格、型号应符合设计要求。

检验数量:全数检查。

检验方法:观察检查、查阅材料进场验收记录。

6.6.3 接地电阻值应符合设计要求。

检验数量:全数检查。

检验方法:查阅接地电阻测试记录。

6.6.4 接地体与设备应可靠连接。

检验数量:抽查全数的 10%,且不少于 1 处。

检验方法:目测、试拧。

Ⅲ 一般项目

6.6.5 接地体的连接应采用搭接焊,搭接焊长度应符合国家标准《电气装置安装工程接地装置施工及验收规范》GB 50169—2016 中第 3.4.2 条的规定。除埋设在混凝土中的焊接接头外,接地装置应采取防腐措施。

检验数量:抽查全数的 10%,且不少于 1 处。

检验方法:查阅隐蔽工程检查记录。

6.6.6 当接地装置由铜材和钢材组成,且铜与铜或铜与钢材连接采用热剂焊时,接头应无贯穿性的气孔且表面平滑。

检验数量:按焊接接头总数量抽查 10%,且不得少于 1 个。

检验方法:观察检查隐蔽工程检查记录。

6.7 线缆工程

Ⅰ 检测检验

6.7.1 查验厂家提供的电缆质检报告,收集各种规格线缆的绝缘电阻、导体截面积等第三方检测报告,各项参数应符合设计要求。

检验数量:按同一厂家、同一规格抽检1组。

检验方法:检查质检报告、第三方检测报告。

Ⅱ 主控项目

6.7.2 线缆的品种、规格、电气性能试验应符合设计要求。

检验数量:按同一厂家、同一规格抽检1组。

检验方法:检查质检报告、第三方检测报告。

6.7.3 线缆穿入后管道应留有余量,在手孔内及管道内不得有接头。

检验数量:抽查全数的10%,且不少于1处。

检验方法:目测。

Ⅲ 一般项目

6.7.4 线缆穿管前,应清除管内杂物和积水,管口应有保护措施。

检验数量:抽查总数的10%,且不少于1处。

检验方法:目测。

6.7.5 当采用多相供电时,电线绝缘层颜色选择应一致,即保护地线(PE线)应是黄绿相间色,零线用淡蓝色;相线用:A 相—黄色、B 相—绿色、C 相—红色。

检验数量:抽查总数的10%,且不少于1处。

检验方法:目测。

6.7.6 电缆终端头的制作、安装必须符合下列规定:

1 芯线无损伤,包扎紧密,并按不同规格加装外护套。

2 芯线连接紧密,相位一致。

3 固定牢固可靠,排列整齐,接地良好。

检验数量:抽查总数的 10%,且不少于 1 处。

检验方法:目测。

7 信息管理系统

7.1 一般规定

7.1.1 综合杆设施信息管理系统应具备综合杆设施的建设管理、资产管理、运行状态监测、养护管理、搭载设施服务和系统接口等功能,实现对综合杆设施的全生命周期管理。

7.1.2 综合杆设施信息管理系统应满足综合杆设施统一管理、分区运维的要求。

7.1.3 综合杆设施信息管理系统应根据综合杆设施运行管理需求,预留与搭载设施权属单位相关信息管理系统联通的信息交互接口,实现业务联动和信息共享。

7.1.4 综合杆设施信息管理系统应采用开放的体系结构,具备可扩展性和兼容性。

7.1.5 综合杆设施信息管理系统应具有现行国家标准《信息系统安全等级保护基本要求》GB/T 22239 规定的第二级安全保护能力。

7.2 系统结构

7.2.1 综合杆设施信息管理系统逻辑架构见图 7.2.1,应分为采集层、通信层和平台层。

7.2.2 综合杆设施信息管理系统应支持市、区两级架构,支持集中式、分布式或混合式部署方式。

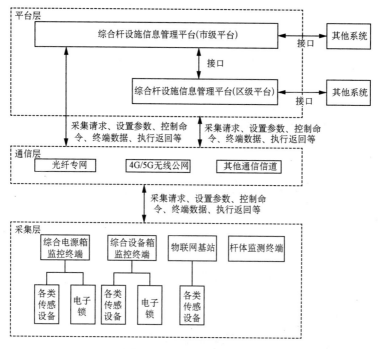

图 7.2.1 系统逻辑架构图

7.3 功能要求

7.3.1 综合杆设施信息管理系统的建设管理应实现工程登记、方案归档、合同备案、设施上报、资料上传、统计查询、验收备案和移交接管功能。

7.3.2 综合杆设施信息管理系统的资产管理应能建立和维护综合杆设施及相关采集设备的基础档案、技术参数、运行参数,实现基于 GIS 的设施设备的展示、统计及分析。

7.3.3 综合杆设施信息管理系统的运行状态监测应实现对各类搭载设施的实时在线监测、告警分析及远程控制功能。

7.3.4 综合杆设施信息管理系统的养护管理应实现巡修巡检、报修管理、工单派发、养护处理、故障缺陷登记、物料消耗登记、归档功能，并应对运维全过程进行统计分析和评估。

7.3.5 综合杆设施信息管理系统为各类搭载设施服务的功能应满足下列要求：

    1 各类用户设施的搭载申请业务受理。

    2 各类搭载设施的安装、拆除、迁移、维修和更换的过程管理。

    3 各类搭载设施的故障、缺陷报修管理。

    4 各类搭载设施的协同养护、维修和抢修。

7.3.6 综合杆设施信息管理系统的数据采集和管理功能应满足下列要求：

    1 应能根据不同业务要求，编制自动采集任务，管理采集任务的执行，实现各类数据的采集。

    2 应能对采集的各类原始数据进行检查、计算、统计和分析，实现各类原始数据和应用数据的分类存储和管理。

7.3.7 综合杆设施信息管理系统应通过统一的接口规范和接口技术，实现与相关业务应用系统的联接，为相关业务应用系统提供数据支持和服务。

7.4 性能要求

7.4.1 综合杆设施信息管理系统的实时性应满足下列要求：

    1 系统控制操作响应时间≤5 s。

    2 系统对综合杆设施告警事件的响应时间≤60 min。

    3 平台常规数据查询响应时间<5 s。

    4 平台模糊查询响应时间<15 s。

    5 实时数据传送时间<5 s。

7.4.2 综合杆设施信息管理系统采集数据的完整性和正确性应

满足下列要求：

    1 完整性≥95％。

    2 准确率≥95％。

    3 更新延时≤7 个工作日。

7.4.3 综合杆设施信息管理系统的数据采集应满足下列要求：

    1 应全覆盖接入已投入运行的综合设备箱、综合电源箱、综合杆。

    2 采集设备在线率应不小于 99％，采集设备日平均在线率应大于 90％。

    3 系统周期数据采集成功率≥99％，周期为 1 d，日冻结数据。

8 养 护

8.1 一般规定

8.1.1 综合杆设施的养护应包括日常养护、小修、应急抢修及技术资料管理内容。

8.1.2 养护工作中应体现主动养护,并推进预防性养护,保障综合杆设施处在安全可靠运行状态。

8.1.3 针对综合杆设施的运行异常状态处置应符合下列规定:

1 针对综合杆设施的缺陷和一般故障,应使用即时处置和小修的方法解决。应优先使用即时处置,无法即时处置的,应有临时措施保障异常状态不再恶化。

2 针对综合杆设施的严重故障,应使用应急抢修方式进行处置。

8.1.4 综合杆设施运行性能应符合下列规定:

1 设施完好率应不小于95%。

2 设施故障报修率应不大于5%。

3 一般故障处置时间不宜大于4 h,严重故障处置时间不应大于2 h。

8.1.5 宜使用信息管理平台推进综合杆设施的养护。

8.1.6 综合杆设施的管理单位应结合管理制度要求、设施运行情况和相关标准要求,编制细化的养护手册,指导养护工作。并应制定考核办法,对养护单位进行月度、季度和年度养护工作考核。

8.1.7 综合杆设施的养护作业单位应建立养护质量保证体系,采取必要的养护手段,确定养护质量目标,并应按照本标准和养护工作要求,编制周、月度和年度养护计划,落实具体的养护作业。

8.2 综合杆

8.2.1 综合杆运行应满足下列技术要求：

1 综合杆的技术状态应达到为杆上设施提供安全可靠运行的环境要求，综合杆以及各部件在运行中应能承受设计确定的载荷能力，禁止搭载负荷超出设计搭载能力。

2 综合杆各部件表面均应平整、整洁、无污损或粘贴物、无划痕或擦伤、无表面凹陷等，表面装饰涂层应光滑、无色差。

3 综合杆各部件应具有良好防锈蚀措施，在运行中应做好各部件和连接螺栓螺母的防腐防锈。当出现锈蚀时，应及时做除锈防腐处理，表面应补色，不应与原色之间有明显色差。

4 综合杆的部件装配后应达到主杆和副杆中心线在一条垂直线上，保证综合杆竖直，整体垂直度要求不大于 $H/750$。综合杆的横臂不应垂落，各部件之间的装配连接应牢固，满足设计要求，连接误差应在规定的范围内。

5 当综合杆运行中搭载负荷需求增加时，可通过更换综合杆部件等工程方式满足搭载负荷增加的需求，在工程实施中必须按照本标准的设计要求，进行设计和计算。

6 杆上设施使用综合杆搭载时应符合本标准相关技术条款规定的接口方式和安装方式，禁止使用其他接口方式和安装方式，杆上设施的安装应牢固、安全可靠、美观。

7 综合杆统一为综合杆各部件、搭载设施及防雷装置等提供接地端子排，接地电阻值应满足设计要求，综合杆各部件、杆上各需要接地的搭载设备及装置宜使用独立的接地线连接至接地端子排。

8 综合杆内布设的线缆应使用设计规定的舱位和出入孔，线缆应整齐整洁、标识清晰完整和规范、绑扎和安装牢固，不出现扭结、接头、自由坠落等现象；杆内布置的设备应按照牢固、稳定、整洁，电气连接和防护满足设计要求。

9 综合杆相关部件的使用年限超过设计年限时,必须安排专项安全检测,确保安全后继续使用。

10 综合杆的稳定安全性应定期检查,达到合格方能使用。

11 综合杆基础应符合以下运行要求:

1) 基础外表面应整洁,应无裂纹、空洞、掉角、露筋、积水、杂草;面饰应完整,不掉色褪色、不剥离、不起泡。

2) 基础面应平整、结实。

3) 基础裸露金属基体应无锈蚀。

4) 基础应稳定,基础结构体不应出现裂纹、破碎等现象;基础体周边覆土应处在正常状态。

5) 基础的使用年限超过设计年限时,必须安排基础的专项安全检测,确保安全后方能使用。

12 综合杆对外连接管线应符合以下运行要求:

1) 综合杆通过基础与手孔相连管道应通畅无阻塞,不应出现压扁现象;管口应封堵;金属管道应无锈蚀。

2) 引入综合杆走线舱的连接线缆应布设整齐、整洁,无扭绞、打圈、接头等现象,标识应完整、清晰、不易受损,符合标准规定。

8.2.2 综合杆检查、例行保养的具体项目、频度、方法和要求应符合表8.2.2的规定。

表8.2.2 综合杆检查、例行保养要求

序号	项目	频度	方法和要求
1	综合杆运行状态日常巡查	次/周	方法:人工巡查。 要求:目测检查综合杆外观,观察杆体是否整洁(如污损或粘贴物),杆表面是否有损害(如划痕、擦伤、表面凹陷等),杆检修门是否缺失或正常关闭等;杆主要部件是否有位置偏差,是否有安全隐患;杆上设施的安装位置是否正确,安装是否有脱落或不稳,是否有安全隐患,是否有非法搭载设施等。检查中发现问题的,记录并报告;杆体发生明显倾斜需进行垂直度等测试,影响安全的启动应急处置;发现杆上设施问题的,即时通知其权属单位处置

序号	项目	频度	方法和要求
2	特定环境下的安全检查	次/台风季之前以及台风之后	方法:人工检查。 要求:重点检查综合杆部件之间、综合杆立杆与基础以及杆上设施的连接安全状态,检查接地连接的安全状态。检查中发现问题的,记录并报告;影响安全的,启动应急处置,即时通知其权属单位处置
3	综合杆精细检查	次/季	方式:人工检查或使用工具检查。 要求:随工处理或记录后集中小修处理,涉及运行安全的,按照应急抢修处理;发现杆上设施以及支架问题的,通知权属单位。具体检查内容如下: 1. 通过检修门检查综合杆内腔的设备布设是否牢固,电气连接是否可靠,标识是否清晰;腔内出入线、布线是否整齐规范,连接是否可靠,标识是否清晰或丢失;杆内腔是否干燥;接地端子排的安装和连接是否完整和可靠,是否有锈蚀。 2. 检查检修门防盗链是否丢失,门框和门的闭合是否平整和贴合,门锁是否完好,启闭是否正常。 3. 检查综合杆各部件连接是否松动,装饰件或防护件是否有丢失、损坏或连接松动,防水功能是否受损,是否有锈蚀锈蚀。 4. 检查综合杆内走线位置是否正确,是否有非法进入的线缆。 5. 检查综合杆各部件、杆上设施以及其他装置与接地端子排之间的连接是否可靠。 6. 检查杆上设施和支架安装是否牢固和合规,支架是否变形或锈蚀,设备连线是否整洁和稳妥。 7. 检查综合杆防雷装置与综合杆之间、接地端子排之间的连接是否符合要求。 8. 检查进出综合杆的管道是否正常,进出线缆是否整洁,管道封堵是否可靠
4	杆体内清洁	次/季	方法:人工检查。 要求:用抹布擦拭 2.5 m 以下部分主杆以及维修舱内部部件、结构件,对杆体内底部沉积垃圾进行清除
5	防腐防锈	次/季	方法:人工检查。 要求:对出现锈蚀的基础、综合杆相关的金属件进行除锈和防腐处理

8.2.3 综合杆检测应满足表8.2.3的规定。

表 8.2.3 综合杆检测要求

序号	检验、试验和测试	频度	方法和要求
1	综合杆以及部件之间的垂直度	次/按需	方法:垂线直尺测试。要求:测试值符合设计要求,2年内遍历所有综合杆。如不达标,需列入小修工程,组织调整;如超出允许偏离值的5倍,应启动应急抢修,及时调整
2	顶端挠度	次/按需	方法:非接触的激光位置度仪器测试。要求:测试值符合设计要求
3	主杆、横臂、副杆、卡槽、灯臂强度	次/五年	方法:超声波探伤;如超声波无法进行内部缺陷探伤时,应使用射线探伤。要求:测试值符合设计要求,建设工程缺陷责任保修期外每年内按20%进行抽测综合杆
4	螺栓	次/年	方法:力矩扳手测试。要求:测试值符合设计要求
5	综合杆杆体接地连接测试	次/年	方法:电阻测试仪表测试。要求:测试杆件与接地端接排之间的连接电阻应符合设计要求
6	综合杆涂层厚度	次/年	方法:涂层测厚仪测试。要求:测试维护舱及杆体顶部等关键部位的涂层厚度应符合设计要求

8.2.4 综合杆应定期组织小修,解决日常检查、例行养护和检测中发现的无法即时处置的问题。

8.2.5 综合杆杆上搭载设施进行日常养护、小修或应急抢修等作业后,设施维护单位应对作业后的综合杆设施的运行状态进行观察。综合杆杆上搭载设施进行新建、拆除、移位、更换或重新布线等工程性作业时,养护单位应予以配合。作业后,养护单位应对工程实施结果进行检查和核对,确定所使用的设备材料、设置位置、连接方式等均符合设计要求,并应按照本标准关于信息采集的要求,获取所需信息并在信息管理平台内即时更新。

8.2.6 综合杆在养护中需要进行部件更换时,所更换部件应满足设计要求,部件更换后应在信息管理平台内即时更新相关数据。

8.3 综合设备箱、综合电源箱

8.3.1 综合设备箱、综合电源箱运行应满足下列技术要求:

　1 综合设备箱、综合电源箱运行均应满足下列技术要求:

　　1) 机箱内外应整洁,表面应无污渍、凹坑、划痕和破损,箱体内应整洁无异物、无积水、无寄生动物巢穴。

　　2) 机箱防护等级应满足设计要求,应防水、防尘、防盗、防锈蚀,散热功能完好。

　　3) 机箱门应开关灵活,闭门应密封,密封性能应良好,密封胶条应富有弹性,不应出现粘连、硬化、老化等现象;机箱门应平整、不发生扭曲并可靠接地。

　　4) 锁闭应牢固,门锁不应出现卡死现象。

　　5) 机箱与外部的连接孔、通风孔等处的防水滤层材料老化失效的,应及时更换;应做好防雨水渗漏、防潮、防小动物进入等措施。

　　6) 机箱应与基础紧密连接,牢固可靠,不摇晃;安装紧固件等应无锈蚀。

　　7) 机箱内安装的设备设施(包括综合设备箱内安装的用户设施、综合电源箱安装的供电计量设施)、部件和接地端子排、电源端子排、配线端子排、电源开关等应安装牢固,与外部电源引入线、接地线、通信与控制线缆等连接应规范、可靠、稳定,连接端子应无锈蚀现象,机箱应与接地端子排可靠连接。

　　8) 机箱内的各种线缆应整洁,布线整齐、标识清晰,箱内安装的设备设施、部件及端子排应予以明确标识。

　　9) 机箱的显示面板和指示灯应齐全完好、运行正常。

　　10) 机箱内门架上内置资料应完整、正确、清晰。

2 综合设备箱的技术状态应满足箱内用户设施安全可靠运行的环境要求,用户舱为用户设施提供的工作环境参数应达到设计要求,机箱内各类公共设施的运行不应对用户设施运行产生干扰和影响。

3 综合设备箱内的电子门锁、供电电源、接地、排风以及环境监测等公共设施应运行可靠稳定。运行可靠性应符合本标准第 3.0.4 条第 3 款的规定。

4 信息管理平台应对综合设备箱运行状态实施 7×24 h 的实时监测、实时显示;当综合设备箱的电子门锁、供电电源、排风扇及用户舱温度湿度、通信传输处于异常时,应及时发出报警,通知养护单位进行应急处置。

5 综合设备箱内用户舱所搭载的用户设施布设应与设计一致,不得擅自移动,用户设施的设置不应对机箱内公共设施运行、相邻用户舱其他用户设施运行以及用户舱的运行环境保障产生干扰和影响。

6 养护单位应掌握用户舱内设施的组成、布置和线缆连接方式以及养护规范、作业流程,配合好相关权属单位对用户舱设施的养护保障工作;当用户舱设备发生工程性施工作业,应事先确定工程作业方案,在工程实施时养护单位应配合实施;施工作业后,应按照验收要求进行测试,并在信息管理平台上录入相关数据。

7 综合电源箱内设置的用于综合杆设施的配电系统应满足搭载设施的供电需求,应保障对搭载设施的安全供电,运行应可靠稳定。运行可靠性应符合本标准第 3.0.4 条第 3 款的规定。

8 综合电源箱内设置的用于照明设施的配电系统、照明控制设施等的技术状态应满足道路照明供电保障需求,应达到照明维护规范规定的要求。

9 当综合设备箱、综合电源箱外设装饰箱时,装饰箱应安装牢固、不晃动,表面应整洁、无污渍、凹坑、划痕和破损,应根据装饰箱的构成材料有针对性地维护;装饰箱应满足设计要求。

10 综合设备箱、综合电源箱的基础、出入管道线缆运行的技术要求应满足本标准第 8.2.1 条的第 11 和 12 款的规定。

8.3.2 综合设备箱检查、例行保养的具体项目、频度、方法和要求应满足表 8.3.2 的规定。

表 8.3.2　综合设备箱检查、例行保养要求

序号	项目	频度	方法和要求
1	箱体运行状态日常检查	次/日	方法:通过信息管理平台维护终端进行检查。 要求:检查其运行状态应处在正常状态,通信是否稳定可靠;对于异常状态,按不同情况分别进行即时处置、轮修处置或应急抢修处置
2	箱体(包括装饰箱)外观巡查	次/周	方法:人工巡查。 要求:目测检查综合设备箱的外观,观察箱体和基础有无污损、粘贴、划痕、擦伤、破损、变形和凹陷,涂覆层有无破损和其他表面缺陷,机箱门是否关闭等;手推检查箱体安装是否牢固。检查中发现问题的,记录并报告;箱体发生明显歪斜或破损或机箱门损坏无法关闭的,应即时启动应急处置
3	综合设备箱精细检查	次/季	方法:人工检查或试验。 要求: 1. 检查箱体内线缆布设是否整齐、卡接是否牢固、标识是否清楚和缺失;发现问题,即时处置。 2. 检查机箱出入管道是否正常,进入线缆孔洞封堵是否良好,出入线缆是否按照规定的管道敷设、是否整洁整齐、标识是否齐全清晰;发现问题,即时处置或轮修处置。 3. 检查机箱箱门是否开启关闭正常、关闭是否密封,门封是否完整、门锁是否牢固,电子门锁控制是否正常、安装和线缆连接是否牢固,机箱门接地连接线是否可靠连接;发现问题,即时处置或轮修处置。 4. 检查箱体基础结构件是否完整,是否有无明显沉降、倾斜、开裂,面饰是否存在损坏;发现问题,列入轮修处置。 5. 检查机箱内接地装置是否整洁和锈蚀,安装是否牢固可靠,与外部引入线缆以及各端口接地连接、接地线缆与接地部件连接是否稳定可靠,避雷装置是否失效;发现问题,即时处置。

序号	项目	频度	方法和要求
3	综合设备箱精细检查	次/季	6. 检查箱内放置的图纸资料是否缺失或损坏,图纸资料是否更新、与实际配置是否一致,放置位置是否正确;发现问题,即时处置。 7. 检查电源系统是否处在正常工作状态,电缆连接是否牢固可靠,开关安装和操控是否可靠,标识是否清晰或发生缺失,连接用户舱的供电端口是否完好;发现问题,即时处置或轮修处置。 8. 检查箱内监控系统是否处在正常状态,各个连接是否牢固可靠,通信是否正常,各传感部件设置是否完好;发现问题,即时处置。 9. 检查用户舱的隔离部件是否整洁或锈蚀,安装是否整齐稳定和牢固;发现问题,即时处置。 10. 检查用户舱内用户设施的设置是否有异常或与原有设置存在差异,是否擅自使用综合箱公共设施或擅自布线,线缆敷设是否规范,用户设施的运行状态是否异常、是否整洁;发现问题,即时联系权属单位。 11. 检查备用用户舱是否发生擅自占用,综合箱公共设施是否有擅自使用;发现问题,即时报告。 12. 按照装饰箱的构成和设计要求进行精细检查;发现问题,即时处置或轮修处置
4	综合设备箱清洁	次/季	方法:工具清洁。 要求: 1. 机箱外表面、机箱基础、机箱基础、机箱引入管线(外露部分)、机箱内表面以及机箱门内侧、机箱底部清洁。 2. 机箱内电源系统、监控系统的各个设备和部件清洁。 3. 机箱内的风扇、内部机架以及各个连接线缆清洁
5	防腐防锈	次/季	方法:人工检查。 要求:对出现锈蚀的基础、机箱相关的金属件进行除锈和防腐处理

8.3.3 综合设备箱检测应满足表 8.3.3 的规定。

表 8.3.3 综合设备箱检测要求

序号	检验、试验和测试	频度	方法和要求
1	电源系统测试	次/年	方法:电压表测试。 要求:测试输入电压、各电源模块的输出电压、输出电流,误差应在设计允许范围
2	监控系统传感装置测试	次/年	方法:仪器测试。 要求:使用相应仪表,测试温度湿度、电流电压等传感参数的数值,误差应在设计允许范围
3	监控系统功能测试	次/年	方法:抽样测试。 要求:抽检率≥20%,功能应符合设计要求;如20%抽检样本内发现不合格的,则应扩大至全数测试
4	机箱接地连接可靠性测试	次/年	方法:接地电阻测试仪。 要求:测试箱内接地汇集终端至箱内各设备设施、用户舱接地端口之间的连接电阻应符合设计值
5	机箱防护等级	次/年	方法:仪器测试。 要求:测试机箱防护等级,应达到设计要求

8.3.4 综合电源箱检查、例行保养的具体项目、频度、方法和要求应满足表 8.3.4 的规定。

表 8.3.4 综合电源箱检查、例行保养要求

序号	项目	频度	方法和要求
1	箱体外观巡查	次/周	(同表 8.3.2 的序号 2 要求一致)
2	综合电源箱精细检查	次/季	方法:人工检查或试验。 要求: 1. 检查箱体内线缆布设是否整齐、卡接是否牢固、标识是否清楚和缺失;发现问题,即时处置。 2. 检查机箱出入管道是否正常,进入线缆孔洞封堵是否良好,出入线缆是否按照规定的管道敷设、是否整洁整齐、标识是否齐全清晰;发现问题,即时处置或轮修处置。

续表8.3.4

序号	项目	频度	方法和要求
2	综合电源箱精细检查	次/季	3. 检查机箱箱门是否开启关闭正常、关闭是否密封,门封是否完整、门锁是否牢固,机箱门接地连接线是否可靠连接;发现问题,即时处置或轮修处置。 4. 检查箱体基础结构件是否完整,是否有无明显沉降、倾斜、开裂,面饰是否存在损坏;发现问题,列入轮修处置。 5. 检查机箱内接地装置是否整洁和锈蚀,安装是否牢固可靠,与外部引入线缆以及各端口接地连接、接地线缆与接地部件连接是否稳定可靠,避雷装置是否失效;发现问题,即时处置。 6. 检查箱内放置的图纸资料是否缺失或损坏,图纸资料是否更新、与实际配置是否一致,放置位置是否正确,发现问题,即时处置。 7. 检查箱内放置的图纸资料是否缺失或损坏,图纸资料是否更新、与实际配置是否一致,放置位置是否正确;发现问题,即时处置。 8. 检查照明配电、综合电源系统是否处在正常工作状态,电缆连接是否牢固可靠,熔断器安装和操控是否可靠,回路标识是否清晰或发生缺失,供电端口是否完好;发现问题,即时处置或轮修处置。 9. 检查机箱内的照明控制设备是否处在正常状态,通信是否可靠,安装是否稳固,各个电气连接是否牢固可靠;发现问题,即时处置。 10. 检查计量舱内的计量设施运行是否有异常,是否整洁;发现问题,即时联系供电单位。 11. 检查是否发生擅自占用或使用供电电源,是否擅自接入电源线缆或更换电源线缆;发现问题,即时报告。 12. 按照装饰箱的构成和设计要求进行精细检查;发现问题,即时处置或轮修处置
3	综合电源箱清洁	次/季	(同表8.3.2的序号4要求一致)
4	防腐防锈	次/季	(同表8.3.2的序号5要求一致)

8.3.5 综合电源箱检测应满足表8.3.5的规定。

表 8.3.5 综合电源箱检测要求

序号	检验、试验和测试	频度	方法和要求
1	配电系统测试	次/年	方法:电压表、接地电阻测试仪。 要求: 1. 测试供电输入电压、各配电输出电压、输出电流,误差应在设计允许范围。 2. 测试各相线间、相线对地绝缘电阻值,满足设计要求
2	机箱接地连接可靠性测试	次/年	(同表8.3.3的序号4要求一致)
3	机箱防护等级	次/年	(同表8.3.3的序号5要求一致)

8.3.6 综合设备箱、综合电源箱应定期组织小修,解决日常检查、例行养护和检测中发现的无法即时处置的问题。

8.3.7 综合设备箱、综合电源箱内搭载设施进行日常养护、小修或应急抢修等作业后,设施维护单位应对作业后的综合设备箱、综合电源箱的运行状态进行观察。综合设备箱、综合电源箱内搭载设施进行新建、拆除、移位、更换或重新布线等工程性作业时,养护单位应予以配合。作业后,养护单位应对工程实施结果进行检查和核对,确定所使用的设备材料、设置位置、连接方式等均符合设计要求,并应按照本标准关于信息采集的要求,获取所需信息并在信息管理平台内即时更新。

8.3.8 综合设备箱、综合电源箱在养护中需要进行设备、部件更换时,所更换设备和部件的技术等级和技术指标不允许低于设计要求,设备、部件更换后应在信息管理平台内即时更新相关数据。

8.3.9 综合设备箱、综合电源箱在养护中应严格按照用电安全规程操作。

8.4 综合管道

8.4.1 综合管道运行应满足下列技术要求:

1 综合管道的技术状态应达到为管道内敷设的线缆提供安全可靠运行的环境要求,综合管道在运行中应保障管道畅通、无阻塞,管道内无杂物,已使用和备用管道均标识清晰,有序使用管道敷设缆线,禁止用户擅自使用或不按规定使用管道敷设缆线。

2 手孔内应保持整洁、无杂物,井内线缆应放置整齐,整洁,标识清晰;井盖应无破损,井盖井圈应放置平整、牢固;隐形井盖的装饰面应整洁、无损坏。

8.4.2 综合管道检查、例行保养的具体项目、频度、方法和要求应满足表 8.4.2 的规定。

表 8.4.2　综合管道检查、例行保养要求

序号	项目	频度	方法和要求
1	管道径路巡查	次/周	方法:人工巡查。 要求: 1. 检查径路上是否发生塌陷、施工作业,管道径路上方是否有重压或临时构筑物。 2. 检查手孔是否平整,井盖、隐形井盖装饰面是否出现破损、破裂,井盖井圈是否出现塌陷或位移、晃动。 3. 检查中发现问题的,记录并报告;管道或手孔发生明显损坏并影响管道内线缆安全的,井盖丢失的,应即时进行处置
2	综合管道精细检查	次/季	方法:人工巡查。 要求: 1. 检查进入的手孔线缆的规格、数量以及线缆所使用的管道是否符合管理要求,管口护圈是否脱落,是否有擅自敷设的线缆。 2. 检查手孔内是否整洁、无杂物,手孔内的管道和线缆的标识是否缺失、损坏或模糊。 3. 检查井盖是否密贴。 4. 检查金属件是否锈蚀。 5. 检查中发现问题的,记录并即时处置或安排轮修处理
3	手孔内保洁	次/季	方法:人工巡查。 要求:对手孔内进行保洁和杂物清除,整理和加固管道封堵,清洁井内线缆,补充井缺失、损坏或模糊的标识,对锈蚀的金属件进行防腐处理

8.4.3 综合管道检测应满足表 8.4.3 的规定。

表 8.4.3　综合管道检测要求

序号	检验、试验和测试	频度	方法和要求
1	备用管道连通测试	次/年	方法:器具疏通。要求:针对管道路径上发生开挖施工、塌陷、重压等影响管道安全情况,组织对径路上备用管道的连通测试,保障管道全线贯通

8.4.4 综合管道应定期组织小修,解决日常检查、例行养护和检测中发现的无法即时处置的问题。

8.4.5 综合管道内进行用户线缆的日常养护、小修或应急抢修等作业后,设施维护单位应对作业后的综合管道运行状态进行观察。综合管道内用户线缆进行新敷、拆除、更换等工程性作业时,养护单位应予以配合。作业后,养护单位应对工程实施结果进行检查和核对,确定所使用的设备材料、设置位置、连接方式等均符合设计要求,并应按照本标准关于信息采集的要求,获取所需信息并在信息管理平台内即时更新。

8.5　供配电

8.5.1 供配电系统运行应满足下列技术要求:

1　供配电系统应处在安全可靠的运行状态,设在综合电源箱内的供配电设施运行技术要求及养护要求应符合第 8.3 节的规定。

2　综合电源箱连接至综合设备箱、综合杆以及其他用电设施的电力电缆运行应满足下列技术要求:

1)电力电缆规格、型号和相关的技术参数应符合设计要求;在运行中,电力电缆负载以及其他各项指标均应在设计规定的范围内;如用电需求增加,增加量不得超出设计规定范围,必须满足导线额定安全载流量参数的条件;一旦不满足条件,应结合实际需求重新设计并按照设计要求升级改造。

2) 电力电缆在运行中严禁有扭绞、压扁、绝缘层断裂和表面严重划痕缺陷,电力电缆的运行温度应符合现行国家标准《电力工程电缆设计标准》GB 50217 的相关规定。

3) 电力电缆运行中不应出现高温、外力作用以及化学性腐蚀等情况;电力电缆应在规定的综合管道内敷设,在管道内和手孔内不得进行接头。

4) 电力电缆在手孔中应放置整齐、整洁,标识清晰,电缆在井内以及连接综合箱、综合杆的最小允许弯曲半径应符合表 8.5.1 的规定。

表 8.5.1　电缆最小允许弯曲半径

序号	电缆种类	电缆最小允许弯曲半径
1	无铅包钢铠护套的橡皮绝缘电力电缆	$10D$
2	有钢铠护套的橡皮绝缘电力电缆	$20D$
3	聚氯乙烯绝缘电力电缆	$10D$
4	交联聚氯乙烯绝缘电力电缆	$15D$
5	多芯控制电缆	$10D$

注:D 为电缆外径。

8.5.2　电力电缆检查、例行保养的具体项目、频度、方法和要求应满足表 8.5.2 的规定。

表 8.5.2　电力电缆检查、例行保养要求

序号	例行养护项	频度	方法和要求
1	电缆精细检查	次/季	方法:人工巡查。 要求: 1. 检查电缆端接和固定是否松动,是否整洁整齐,标识是否清晰,电缆端接处和缆线是否有发热超标或过热烧坏现象

序号	例行养护项	频度	方法和要求
1	电缆精细检查	次/季	2. 在手孔内检查电缆是否整洁,布放是否凌乱,标识是否清晰,电缆是否有扭绞、压扁、绝缘层断裂和表面严重划痕缺陷等情况;在引入综合杆、综合箱的手孔内还应检查电缆弯曲半径是否符合要求。 3. 检查中发现问题的,记录并即时处置或安排轮修处理;当发生压扁、绝缘层断裂和表面严重划痕等情况时,应组织测试和评估,如影响用电安全的,应启动应急处置
2	电缆保洁	次/年	方法:人工巡查。 要求:对手孔内电缆以及电缆终端进行保洁

8.5.3 在检查发现电力电缆存在压扁、绝缘层断裂和表面严重划痕缺陷等情况时,应使用1 000 V绝缘电阻测试仪进行测试,要求在20 ℃时的绝缘电阻值不应低于10 MΩ。

8.5.4 供配电系统应定期组织小修,解决日常检查、例行养护和检测中发现的无法即时处置的问题。熔断器、电力电缆等部件更换时,所更换部件的各项参数应符合设计要求,并应按照本标准关于信息采集的要求,获取所需信息并在信息管理平台内即时更新。

8.5.5 供配电系统在进行日常养护、小修或应急抢修时应严格按照用电安全规程操作;需要断电操作的,应按照用户设施的业务等级要求进行用电保障。

8.6 接地系统

8.6.1 综合杆设施的接地系统运行应满足下列技术要求:

1 接地系统应处在安全可靠的运行状态,统一为综合杆设施以及搭载设施提供接地保障,接地系统运行中技术性能应达到设计要求。

2 接地系统的各部件之间应可靠连接,接地导线的截面积应符合相应技术规范的要求,接地端子排应整洁。

3 接地装置应稳定可靠,接地装置达到设计寿命年限或接地电阻达不到设计要求时,应及时更换或补充设置接地装置。

8.6.2 接地系统检查、例行保养的具体项目、频度、方法和要求应满足表 8.6.2 的规定。

表 8.6.2　接地系统检查、例行保养要求

序号	项目	频度	方法和要求
1	接地系统主要部件的精细检查	次/季	方法:人工检查。 要求: 1. 检查接地端子排的安装是否稳定牢固、是否出现锈蚀。 2. 检查端子排上的接地线端接是否松动,连接是否可靠,连接处是否有锈蚀,标识是否清晰。 3. 检查接地连接所使用的线缆是否合规、整洁,布设是否整齐,标识是否清晰,线缆是否出现损伤、腐蚀、断股。 4. 检查接地线连接是否合规,是否有多个设备串接合用同一接地端现象。 5. 检查中发现问题的,记录并即时处置或安排轮修处理;影响用电安全的,应启动应急处置
2	防雷接地的精细检查	次/年或雷雨季节前	方法:人工检查。 要求: 1. 检查避雷装置安装是否正确牢固,是否有松动、脱焊、锈蚀现象,与综合杆是否绝缘。 2. 检查避雷专用导线端接是否牢固,线缆是否出现损伤、锈蚀。 3. 检查中发现问题的,记录并即时处置或安排轮修处理
3	保洁和连接加固	次/年	方法:人工检查。 要求:对接地端子排、接地线进行保洁,对接地端子排的端接进行加固

8.6.3 接地系统检测应满足表 8.6.3 的规定。

表 8.6.3 接地系统检测要求

序号	检验、试验和测试	频度	方法和要求
1	接地电阻	次/年	方法：接地电阻测试仪测试。 要求：在每年干燥季节测试，测试值应符合设计要求

8.6.4 接地系统应定期组织小修，解决日常检查、例行养护和检测中发现的无法即时处置的问题。

8.6.5 接地系统在进行日常养护、小修或应急抢修时，应严格按照安全作业规程操作；需要断开用户接地连接的，应保证用户设施的安全。

8.7 信息管理平台

8.7.1 信息管理平台运行应满足下列技术要求：

1 综合杆设施信息管理平台应连续稳定可靠运行，为运行管理提供全面保障。信息管理平台运行可靠性应符合本标准第 3.0.4 条第 3 款的规定。

2 信息管理平台应全面正确掌握已投入运行的综合杆设施的设置和配置情况，掌握为用户提供搭载服务的能力及用户设施搭载情况，并应按照动态变化情况实时更新数据，确保数据的完整性和正确性。信息管理平台采集数据的完整性和正确性应符合本标准第 7.4.2 条的规定。

3 信息管理平台应实时接入综合设备箱、综合电源箱以及移动终端等设施，实时采集综合杆设施的运行状态数据、养护作业数据等，在发生异常情况时应能及时报警。综合杆设施信息管理系统的数据采集应符合本标准第 7.4.3 条的规定。

4 信息管理平台应确保数据存储的可靠性，应及时进行数据备份，采用多种方式数据备份，包括在线数据备份、云数据备份和离线数据备份。

5 信息管理平台应运行在信息安全环境下,应按照设计确定的信息安全管理策略进行安全保障,应每年度进行并通过系统安全等级评测。

6 信息管理平台在发生突发故障时应有针对性的工作预案并按照预案组织突发故障处置,应能够及时隔离故障并保障信息管理平台正常运行或降级运行,以保障平台的最基本功能。

7 信息管理平台应年度组织运行状态和养护质量的评价,提出问题和薄弱环节,并针对评价结果和业务发展需求,组织信息管理平台的硬件或软件的完善或升级。

8.7.2 信息平台检查、例行保养的具体项目、频度、方法和要求应满足表 8.7.2 的规定。

表 8.7.2　信息平台检查、例行保养要求

序号	项目	频度	方法和要求
1	系统巡检	次/天	方法:系统自动巡检。 要求: 1. 检查平台的硬件设备、操作系统、数据库、应用软件是否存在运行故障以及报警。 2. 检查系统安全设施运行是否正常、是否有系统或数据安全报警。 3. 巡检外场设备、移动终端接入是否正常(包括接入通信和接入数据)。 4. 检查数据库增量备份是否正常。 5. 检查日志文件,是否存在操作异常。 6. 检查平台的各项运行指标和统计报表是否出现异常。 7. 通过接入的机房集中监测监控系统检查机房运行环境、供电等是否异常。如发现问题,即时向维护人员发出通知或报警,维护人员组织及时处理或安排小修处置
2	硬件设备的精细检查和保养	次/季	方式:人工检查。 要求:对信息管理平台的硬件设备,包括平台计算机设备、外设、控制台座席、显示屏等,进行以下精细检查:

序号	项目	频度	方法和要求
2	硬件设备的精细检查和保养	次/季	1. 检查平台硬件设备、外接设备、配线架的外观、安装件是否整洁、有锈蚀。 2. 检查安装连接是否牢固、可靠。 3. 查看设备指示灯、风扇等是否运转正常、是否有报警指示。 4. 检查设备接地是否可靠。检查过程中同步进行保洁和安装连接件紧固；如发现其他问题，记录并即时处理或安排轮修处置
3	线缆检查和养护	次/季	方式：人工检查。 要求： 1. 查看机房内(包括机架上、槽道内、机柜内)的各种缆线(信息传输连线、电源箱、接地连接线等)是否完整、无破损、无异常。 2. 检查金属走线架、槽道是否安装规范、整洁、牢固，电气连接是否可靠，是否有锈蚀，接地是否可靠。 3. 检查机架、槽道以及机柜内的各种线缆布设是否规范、整齐、整洁，线缆标识是否完整、清晰，线缆与设备、配线架等的连接是否牢固、接触可靠、无异声、无异味，设备端口和线缆接线端子是否有锈蚀。 4. 检查各种线缆相关的防雷装置是否有效，连接是否可靠。检查过程中对同步进行保洁和安装连接件、线缆端接紧固；如发现其他问题，记录并即时处理或安排轮修处置
4	系统软件维护	次/天	方式：人工检查。 要求：检查操作系统、数据库等软件是否需要升级或打补丁；如需要，即时处置
5	信息安全维护	次/天	方式：人工检查。 要求：检查信息安全系统的运行情况、病毒扫描情况等，检查是否需要信息安全软件升级或打补丁；如需要，即时处置
6	数据备份	次/周	方式：人工检查。 要求：对照数据备份策略，对数据备份，包括增量备份和全量备份，进行检查，确认数据备份运行正常；如有问题，即时处置

续表8.7.2

序号	项目	频度	方法和要求
7	数据完整性检查	次/月	方式:人工检查。 要求:对数据库各项数据记录进行完整性检查,缺失数据的,做即时补充处置
8	应用软件维护	次/月	方式:人工检查。 要求:检查应用软件各项功能,对日常反映的应用软件问题进行处置
9	日志文件检查和处理	次/季	方式:人工检查。 要求:检查日志文件,分析和备份日志文件

8.7.3 信息平台检测应满足表8.7.3的规定。

表8.7.3 信息平台检测要求

序号	检验、试验和测试	频度	方法和要求
1	应用功能、性能测试	次/年	方式:系统测试。 要求:针对应用软件的应用功能,进行功能和性能试验;发现不满足要求的,安排轮修进行完善或升级
2	系统等保评测	次/年	方式:由管理机构或第三方进行系统安全等级保护测试。 要求:提出测试报告,并按照测试报告中提出的问题,安排轮修进行处置
3	综合杆设施、搭载用户设施数据完整性准确性评测	次/年	方式:组织专项测评。 要求:评测量不小于总量的5%;如评测结果不达标,扩大数量至20%进行评测并安排专项补充缺失数据、纠正错误数据
4	系统时钟同步	次/年	方式:系统测试。 要求:测试、校正平台的系统时钟;远程同步接入综合设备箱、综合电源箱时钟
5	平台运行评价	次/年	方式:系统测试。 要求:结合平台运行指标要求和进一步发展需求,对平台运行进行年度评价,出具平台运行年度评价报告

8.7.4 信息管理平台在综合杆设施建设项目、大中修项目、专项改造项目等验收之前,应按照本标准的要求采集相关数据并接入综合设备箱、综合电源箱等相关设备,维护单位在确认数据的完整性和准确性之后输入数据库,并及时进行数据备份。

8.7.5 市、区两级信息管理平台互联后,在日常养护中应保障互联互通的可靠性和信息的安全性,应达到以下要求:

1 平台间通信运行应可靠,通信链路应符合设计和信息安全要求。平台间数据通信时延应符合本标准第 7.4.1 条的规定。

2 平台间时钟应同步,可使用主从同步或分布式 GPS/北斗同步,同步误差应不大于 1 ms。

3 运行中由市平台每月发起一次对通信质量的测试,每季由市平台发起一次对时钟同步的测试,如测试发现问题,由市平台组织解决。

8.7.6 平台养护中或由于其他设施养护、故障等原因需要平台停止部分功能影响降级运行的,平台应在降级前确认所有设备工作正常,做好当前数据备份和数据保护,保障平台能安全恢复运行以及在恢复正常时数据不发生丢失或错误。

8.7.7 由不可预见原因引发平台系统宕机的,养护中或由于其他设施养护、故障等原因需要平台停止部分功能影响降级运行的情况发生时,平台应在降级前确认所有设备工作正常,做好当前数据备份和数据保护,保障平台能安全恢复运行以及在恢复正常时数据不发生丢失或出错。

8.7.8 综合杆信息管理平台宜留有与外部单位的接口,可通过平台接口将日常养护过程中发现的故障或安全隐患及时通知相关单位,并在归属单位完成相应维护给予反馈信息后撤销该通知。

附录 A 综合杆技术要求

A.1 基本组成

A.1.1 综合杆基本组成见图 A.1.1。

图 A.1.1 综合杆基本组成示意图

A.1.2 主杆应符合下列规定：

1 主杆宜采用 Q355B 材质，钢材的强度设计值和物理特性指标应符合现行国家标准《低合金高强度结构钢》GB/T 1591 的相关规定。在满足设计及结构安全要求的前提下，可采用其他优质材料。

2 综合杆与基础应采用法兰连接。

3 综合杆内宜设置至少 4 个分舱(见图 A.3.1-4),用于线缆分舱敷设。

4 杆体 2.5 m 以下部分应进行防粘贴、防涂鸦处理,宜采用无色透明材料或与杆体喷涂颜色一致。

A.1.3 副杆应符合下列规定:

1 副杆宜采用铝合金。铝合金的抗拉强度不应低于 215 MPa,规定非比例延伸强度不应低于 170 MPa,断后延伸率 $A_{50\ mm}$ 不应小于 6%。型材的室温纵向拉伸力学性能应符合现行国家标准《一般工业用铝及铝合金挤压型材》GB 6892、《铝及铝合金挤压棒材》GB/T 3191、《变形铝及铝合金化学成分》GB/T 3190 和《铸造铝合金热处理》GB/T 25745 的相关规定。在保证截面形状的前提下,可采用强度更高的其他材料。

2 副杆与主杆宜采用法兰连接,连接螺栓可采用普通螺栓,螺栓和螺母的材质及其机械特性应符合现行国家标准《紧固件机械性能 螺栓、螺钉和螺柱》GB/T 3098.1 和《紧固件机械性能 螺母》GB/T 3098.2 的相关规定。

A.1.4 横臂应符合下列规定:

1 横臂宜采用 Q355B 材质,钢材的强度设计值和物理特性指标应符合现行国家标准《低合金高强度结构钢》GB/T 1591 的相关规定。在满足设计及结构安全要求的前提下,可采用其他优质钢材。

2 横臂与主杆宜采用法兰连接,螺栓可采用普通螺栓,螺栓和螺母的材质及其机械特性应符合现行国家标准《紧固件机械性能 螺栓、螺钉和螺柱》GB/T 3098.1 和《紧固件机械性能 螺母》GB/T 3098.2 的相关规定。

A.1.5 灯臂应符合下列规定:

1 灯臂宜采用铝合金,在保证外观和使用功能的前提下,可采用强度更高的其他材料。

2 普通型综合杆的灯臂应采用连接件与副杆连接。连接件材质宜采用铝合金或碳素结构钢,其外观应统一[见图 A.1.5(a)]。

3 中型综合杆的灯臂应采用螺栓与套筒连接,套筒采用顶紧螺栓与副杆连接[见图 A.1.5(b)]。

4 铝合金的抗拉强度应符合第 A.1.3 条第 1 款的规定,碳素结构钢的强度设计值和物理特性应符合现行国家标准《碳素结构钢》GB/T 700 的相关规定。

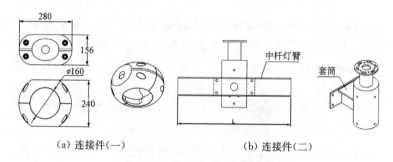

（a）连接件（一）　　　　　（b）连接件（二）

图 A.1.5　灯臂与副杆连接件大样图(mm)

A.1.6 其他附件应符合下列规定:

1 卡槽应符合下列要求:

　1）卡槽宜采用铝合金、碳素结构钢或满足要求的其他材料。材料的强度和物理特性指标应符合现行国家标准《铝及铝合金挤压棒材》GB/T 3191、《变形铝及铝合金化学成分》GB/T 3190 和《碳素结构钢》GB/T 700 的相关规定。

　2）卡槽与主杆、横臂连接宜采用不锈钢空心螺栓、拉铆螺栓或其他满足安全使用要求的连接方式,但必须保证其结构强度及 500 mm 间隔的穿线孔要求。穿线孔应配合格兰头防水设计,空心螺栓应符合现行国家标准《扩口式管接头用空心螺栓》GB/T 5650 或《紧固件机械性能　不锈钢螺栓、螺钉和螺柱》GB/T 3098.6 的相关规定。

2 装饰件应符合下列要求:

　1）主杆和副杆连接处、主杆卡槽下口处应采用可拆卸装饰件美化,装饰件宜采用铝合金或不锈钢,并符合现行国家标准《铝及铝合金挤压棒材》GB/T 3191、《变形铝及铝合金化学成分》GB/T 3190 和《不锈钢热轧钢板和钢带》GB/T 4237 的相关规定。

2)美化罩连接螺栓宜采用隐藏式螺栓固定。

A.2 典型式样

A.2.1 综合杆的典型式样可分为微型综合杆、普通型综合杆和中型综合杆三类。

A.2.2 微型综合杆的式样见图 A.2.2,杆体高度为 3.5 m、4.5 m、5.5 m 和 6.5 m。其中,2.5 m 以上杆体四面应设卡槽,杆体应设置 1 处检修门。

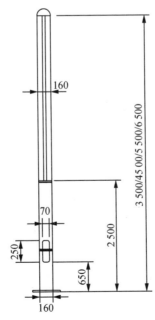

图 A.2.2 微型综合杆典型式样图(mm)

A.2.3 普通型综合杆的式样按横臂配置情况可分为无横臂杆、单横(斜)臂杆、双横(斜)臂杆和三横臂杆(见图 A.2.3),杆体高度 5.5 m~12 m(含)不等。

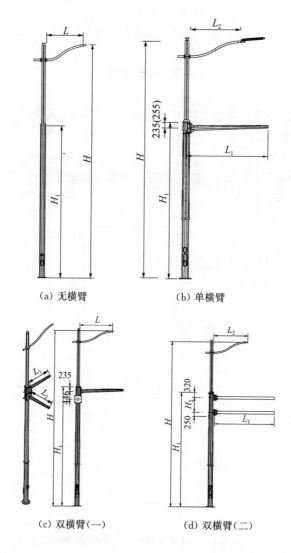

(a) 无横臂　　　　　　　(b) 单横臂

(c) 双横臂(一)　　　　　(d) 双横臂(二)

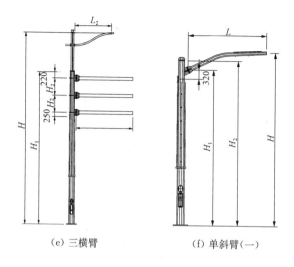

(e) 三横臂　　　　　　　　(f) 单斜臂(一)

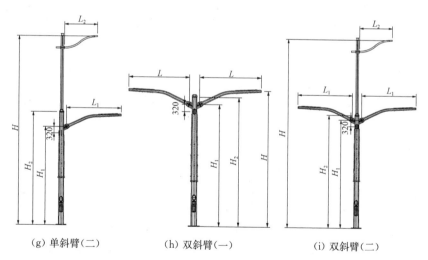

(g) 单斜臂(二)　　　　(h) 双斜臂(一)　　　　(i) 双斜臂(二)

图 A.2.3　普通型综合杆典型式样图(mm)

A.2.4 中型综合杆的式样按横臂配置情况可分为无横臂杆、单横臂杆和双横臂杆(见图 A.2.4),杆体高度 12 m～14 m 不等。

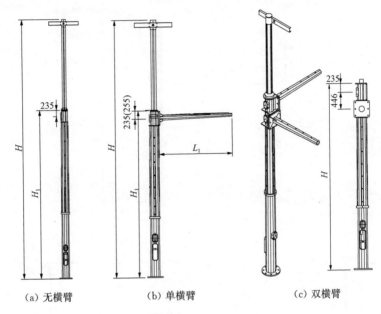

(a) 无横臂　　　　(b) 单横臂　　　　(c) 双横臂

图 A.2.4　中型综合杆典型式样图(mm)

A.3　接口要求

A.3.1　主杆接口应满足下列要求:

1　主副检修门结构型式及大小应统一,检修门板应有防脱落措施(见图 A.3.1-1),采用三角螺栓固定(见图 A.3.1-2)。加强门框最小厚度应符合国家标准《高耸结构设计标准》GB 50135—2019 中第 5.10 节的规定,且必须保证结构强度安全。

2　加强圈补强应符合下列规定:

1)　加强圈构造的形状及尺寸如图 A.3.1-3 所示。主要参数为加强圈的相对高度比 $\lambda [\lambda = 2h/s_d$, h 为加强圈高度（m），s_d 为人孔对应管壁周向弧长（m）]和相对厚度比 $\gamma[\gamma=t_b/t$，t_b 为加强圈厚度（m），t 为管壁厚度（m）]。

2）加强圈补强结构使用应遵循以下原则：可取加强圈的相对高度比 $\lambda=0.6$，可取加强圈相对厚度比 $\gamma=1.5$。

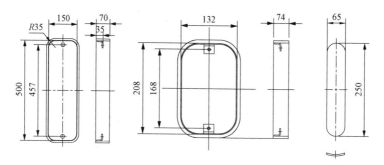

图 A.3.1-1　主、副和微型杆门框尺寸（mm）

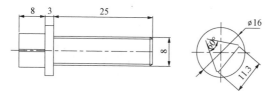

图 A.3.1-2　三角螺栓（mm）

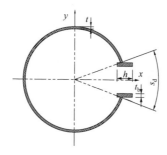

图 A.3.1-3　外间加强圈

3 主杆内应分隔走线舱,分隔材质宜采用内壁光滑的钢或其他材料。走线舱不应少于 5 个(见图 A.3.1-4),分舱材料的设计使用年限不小于 50 年。

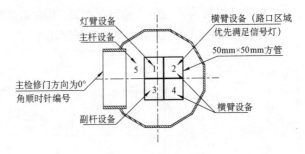

图 A.3.1-4　分舱示意

4 主杆舱内应设有安装接线盒和接地的连接件(见图 A.3.1-5、图 A.3.1-6)。

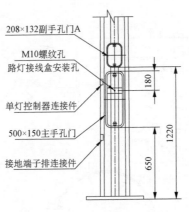

图 A.3.1-5　主检修门(mm)

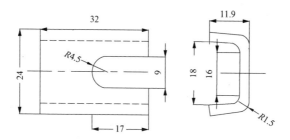

图 A.3.1-6 接地端子、单灯控制器连接件(mm)

5 主杆装饰环应采用 304 不锈钢,结构组成及外观应满足图 A.3.1-7。

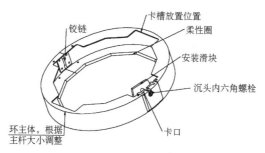

图 A.3.1-7 主杆装饰环

6 主副杆连接处应有防水管(见图 A.3.1-8),主杆横臂法兰和主杆之间应留有间隙,防止水直接流入主杆。

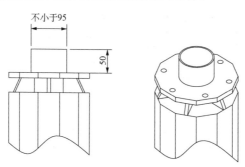

图 A.3.1-8 主副杆防水管(mm)

A.3.2 副杆接口应满足下列要求:

1 副杆截面见图 A.3.2-1。如采用其他截面样式,应满足预留卡槽的要求。

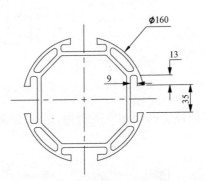

图 A.3.2-1 副杆截面(mm)

2 副杆顶端应预留法兰,法兰接口要求见图 A.3.2-2,通过螺栓连接于主杆上。

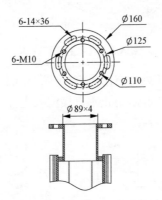

图 A.3.2-2 副杆顶端法兰接口

3 副杆上穿线孔设置要求见图 A.3.2-3。

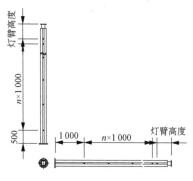

图 A.3.2-3　副杆穿线孔示意(mm)

A.3.3 横臂上穿线孔设置要求见图 A.3.3。

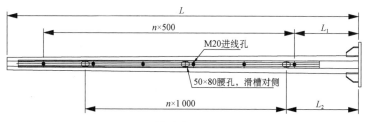

图 A.3.3　横臂穿线孔示意(mm)

A.3.4 灯臂接口应满足下列要求：

1 普通型综合杆的灯臂应采用悬臂式接口,端部应开有防坠落孔,接口样式见图 A.3.4。

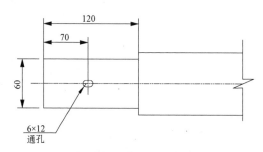

图 A.3.4　悬臂式接口(mm)

2 中型综合杆的灯臂应采用套筒式接口,接口样式见图 A.1.5(b)。

A.3.5 卡槽样式和连接要求见图 A.3.5。

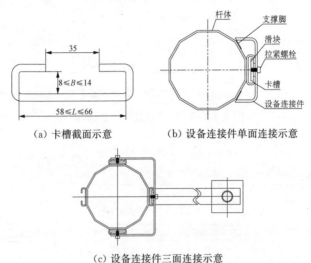

（a）卡槽截面示意　　　　（b）设备连接件单面连接示意

（c）设备连接件三面连接示意

图 A.3.5　卡槽截面及连接件连接示意(mm)

A.4　主要结构抗力要求

A.4.1 综合杆的主杆及横臂口径尺寸以角对角的尺寸为准,见图 A.4.1。

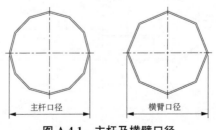

图 A.4.1　主杆及横臂口径

A.4.2 综合杆结构分为主杆、副杆、横臂、法兰、卡槽和灯臂。各部件和零件的结构抗力设计值应符合表 A.4.2-1～表A.4.2-7 的规定。

表 A.4.2-1 主杆结构抗力要求

名称	下口径 (mm)	上口径 (mm)	额定可承受荷载(同时满足)		高度 (m)
			弯矩(kN·m)	扭矩(kN·m)	
主杆 1	160	160	14	1.0	3.5, 4.5, 5.5, 6.5
主杆 2	240	240	50	1.0	2.5, 3.5, 6.5
主杆 3	240	240	70	30	6.5
主杆 4	280	240	100	50	5.75
主杆 5	280	240	100	50	6.5
主杆 6	300	240	110	70	6.5, 7.0
主杆 7	320	280	200	105	7.0, 8.0
主杆 8	320	280	150	105	6.5

表 A.4.2-2 副杆结构抗力要求

名称	下口径 (mm)	上口径 (mm)	额定可承受荷载 弯矩(kN·m)	额定可承受荷载 扭矩(kN·m)	适用高度 (m)
副杆	160	160	14	1.0	1.0～6.5

注:当副杆可承受弯矩超过表中数值时,需要进行特殊设计。

表 A.4.2-3 横臂结构抗力要求

名称	长度 (m)	最大下口径 (mm)	最大上口径 (mm)	额定可承受荷载弯矩 (kN·m)	形状	连接方式
横臂 1	1	60	60	1.0	圆管	图 A.3.5(b)
横臂 2	2	76	76	2.0	圆管	图 A.3.5(c)
横臂 3	3	150	120	20	八边形	法兰 1 或法兰 11
横臂 4	4	150	120	20	八边形	法兰 1 或法兰 11
横臂 5	5	200	120	50	八边形	法兰 1 或法兰 4

续表 A.4.2-3

名称	长度 (m)	最大下 口径 (mm)	最大上 口径 (mm)	额定可承受 荷载弯矩 (kN·m)	形状	连接方式
横臂6	6	200	120	50	八边形	法兰1或法兰4
横臂7	8	220	120	65	八边形	法兰1
横臂8	10	240	120	75	八边形	法兰1
横臂9	12	270	120	95	八边形	法兰2
横臂10	14	285	120	110	八边形	法兰2
横臂11	16	300	120	145	八边形	法兰2
横臂12	4～6	140	140	30	八边形,适用 3F/2F	法兰3
横臂13	8	160	160	40	八边形,适用 3F/2F	法兰4

表 A.4.2-4 法兰结构抗力要求

名称	连接螺栓规格	额定可承受 荷载弯矩 (kN·m)	适用部位	备注
法兰1	6-M24 (8.8级,普通螺栓)	120	主杆和横臂连接	见图 A.4.3(a)
法兰2	6-M30 (8.8级,普通螺栓)	190	主杆和横臂连接	见图 A.4.3(b)
法兰3	8-M16 (8.8级,普通螺栓)	30	适用主杆与双横臂 (二)杆、三横臂杆、 斜横臂连接	见图 A.4.3(c)
法兰4	8-M20 (8.8级,普通螺栓)	40		
法兰5	6-M14 (8.8级,普通螺栓)	15	主杆顶法兰	见图 A.4.3(d) 和(e)
法兰6	6-M14 (8.8级,普通螺栓)	15	副杆 连接底法兰	

续表 A.4.2-4

名称	连接螺栓规格	额定可承受荷载弯矩（kN·m）	适用部位	备注
法兰 7	6-M10（4.8 级，普通螺栓）	1.5	副杆顶部法兰	见图 A.4.3(f)
法兰 8	8-M30	100	小于 320 mm 主杆与基础连接法兰	见图 A.4.3(g)
法兰 9	8-M42	200	320 mm 主杆与基础连接法兰	见图 A.4.3(h)
法兰 10	4-M20	14	微型杆与基础连接	见图 A.4.3(i)
法兰 11	8-M16	20	斜横臂与主杆连接	见图 A.4.3(j)

注：当实际法兰和螺栓可承受弯矩超过表中数值时，需要进行特殊设计。

表 A.4.2-5 卡槽结构抗力要求

名称	额定可承受荷载弯矩(kN·m)	适用部位	备注
卡槽	0.23	主杆、横臂、斜臂	见卡槽截面型式，卡槽固定间距不超过 500 mm

表 A.4.2-6 灯臂结构抗力要求

名称	最大下口径（mm）	最大上口径（mm）	额定可承受荷载弯矩(kN·m)	备注
灯臂	60	60	0.6	见图 A.4.3(k)
灯臂	76	76	1.0	适用 1.5 m、2 m，见图 A.4.3(l)
灯臂	76	76	3.0	适用 2.5 m、3 m，见图 A.4.3(l)
中杆灯臂	—	—	2.0	见图 A.1.5(b)

表 A.4.2-7　结构螺栓扭矩对照表

螺栓规格	M24,8.8 级	M30,8.8 级	M16,8.8 级	M20, 8.8 级	M14,8.8 级	M10,4.8 级
螺栓扭矩（N·m）	719	1 440	213	416	139	19.1

A.4.3　法兰和灯臂大样见图 A.4.3,法兰适用部位见表 A.4.2-4。

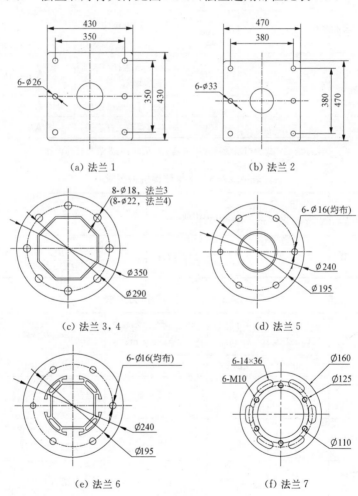

（a）法兰1

（b）法兰2

（c）法兰 3, 4

（d）法兰 5

（e）法兰 6

（f）法兰 7

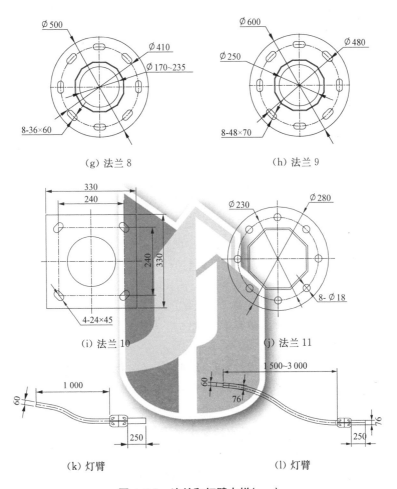

(g) 法兰 8

(h) 法兰 9

(i) 法兰 10

(j) 法兰 11

(k) 灯臂

(l) 灯臂

图 A.4.3　法兰和灯臂大样(mm)

A.5　基本工艺要求

A.5.1　综合杆材料应符合下列规定：

　　1　钢材应符合现行国家标准《低合金高强度结构钢》GB/T 1591、

《碳素结构钢》GB/T 700 和《不锈钢热轧钢板和钢带》GB/T 4237 的相关规定。型钢应符合现行国家标准《热轧型钢》GB/T 706 和《低压流体输送用焊接钢管》GB/T 3091 的相关规定。

2 铝材应符合现行国家标准《铸造铝合金》GB/T 1173、《一般工业用铝及铝合金挤压型材》GB/T 6892、《铸造铝合金锭》GB/T 8733 和《铸造铝合金热处理》GB/T 25745 的相关规定。

3 钢材焊接材料宜采用低氢焊材,焊丝应符合现行国家标准《气体保护电弧焊用碳钢、低合金钢焊丝》GB/T 8110 和《埋弧焊用热强钢实心焊丝、药芯焊丝和焊丝—焊剂组合分类要求》GB/T 12470 的相关规定。焊接工艺应符合现行国家标准《钢结构焊接规范》GB 50661 的相关规定。

4 铝材焊接所用焊丝应符合现行国家标准《铝及铝合金焊丝》GB/T 10858 的相关规定。铝材宜采用弧焊工艺,应符合现行国家标准《铝及铝合金弧焊推荐工艺》GB/T 22086 和现行行业标准《铝及铝合金焊接技术规程》HG/T 20222 的相关规定。

A.5.2 综合杆焊接应符合下列规定:

1 底板焊接:

1)综合杆底板焊接宜采用埋弧焊或气体保护电弧焊。

2)底板宜采用无筋法兰,底板与杆体焊缝宜采用全熔透焊缝,焊缝质量等级不低于二级,且应符合现行国家标准《金属材料熔焊质量要求》GB/T 12467 和《钢结构焊接规范》GB 50661 的相关规定。若采用有筋板法兰,筋板高度不高于 150 mm,且底板与杆体焊缝应满足二级焊缝外观要求。

3)焊接后应按照第 A.7.3 条第 1 款要求进行探伤,探伤要求应符合现行国家标准《焊缝无损检测超声检测技术、检测等级和评定》GB/T 11345 中的评定标准。

2 纵向焊缝:

1)弯管的对边间隙应符合现行国家标准《气焊、焊条电弧焊、气体保护焊和高能束焊的推荐坡口》GB/T 985.1 和《埋弧焊的推荐坡口》GB/T 985.2 规定的实际装配值。

2）焊接方法应采用等强焊材的埋弧焊,焊透率不小于60%,纵缝修补长度不能超过总长的20%,修补深度不能超过壁厚的33%,焊材机械性能、冲击功等参数与母材匹配,纵缝质量不小于三级焊缝标准。

3）焊缝在任意 25 mm 长度内,焊缝表面凹凸偏差不应大于 2 mm;焊缝任意 500 mm 长度内,焊缝宽度偏差不应大于 4 mm;在整个长度内不应大于 5 mm。

4）焊缝及热影响区不应有裂纹未融合、弧坑未填满和夹渣等缺陷,表面咬边深度不应大于 0.5 mm,咬边连续长度不应大于 100 mm,焊缝两侧咬边的总长度不应大于焊缝长度的 10%。

3 主杆焊接应采用埋弧焊或气保焊,焊接材料应符合第 A.5.1 条第 3 款的要求,焊缝质量不小于三级焊缝标准。

4 横臂法兰焊接应采用埋弧焊或气保焊,焊接材料应符合第 A.5.1 条 3 款的要求,焊缝不小于三级焊缝标准。若采用无筋法兰,法兰环向焊缝为二级焊缝,应符合第 A.5.2 条第 1 款的要求。

5 副杆铝合金法兰焊接宜采用气体保护焊。焊接材料及工艺应符合第 A.5.1 条第 4 款的要求。对接焊缝的焊喉和角焊缝的尺寸、焊脚长度不应小于规定的尺寸。焊缝表面不应出现裂纹、叠焊,封闭的不连续孔不应影响表面保护。

6 检修门宜采用等离子切割或满足要求的其他工艺,表面平整度不大于 3 mm。门框焊接前杆体应开坡口,破口深度不小于杆体板材厚度的 80%,并进行角焊缝补强,角焊缝不得小于杆体板材壁厚。

A.5.3 综合杆钢材焊缝质量检验及外观应符合下列规定:

1 全熔透焊缝应采用超声波探伤,其内部缺陷分级及检测方法应符合现行国家标准《焊缝无损检测 超声检测 技术、检测等级和评定》GB/T 11345 的相关规定,超声波探伤人员应具有2 级及以上资格。焊缝质量等级应符合表 A.5.3-1 的规定。

表 A.5.3-1 焊缝质量等级

焊缝质量等级		一级	二级
内部缺陷超声波检验	评定等级	I	II
	检验等级	B 级	B 级
	探伤比例	100%	20%
内部缺陷射线检验	评定等级	II	III
	检验等级	B 级	B 级
	探伤比例	100%	20%

注:焊缝内部质量检测比例计算方法应按每条焊缝计算百分比,且检测长度应不小于 200 mm;当焊缝长不足 200 mm 时,应对整条焊缝进行内部质量检测。

2 焊缝外观要求应符合表 A.5.3-2 的规定。

表 A.5.3-2 焊缝外观要求(mm)

项目		允许偏差		
焊缝质量等级		一级	二级	三级
外观缺陷	未焊满(指不足设计要求)	不允许	$\leqslant 0.2+0.02t$ 且$\leqslant 1.0$	$\leqslant 0.2+0.04t$ 且$\leqslant 2.0$
			每 100.0 焊缝内缺陷总长小于或等于 25.0	
	根部收缩	不允许	$\leqslant 0.2+0.02t$ 且$\leqslant 1.0$	$\leqslant 0.2+0.04t$ 且$\leqslant 2.0$
			长度不限	
	咬边	不允许	$\leqslant 0.05t$ 且$\leqslant 0.5$;连续长度$\leqslant 100.0$ 且焊缝两侧咬边总长$\leqslant 10\%$焊缝全长	$\leqslant 0.1t$ 且$\leqslant 1.0$,长度不限
	裂纹	不允许		
	弧坑裂纹	不允许		
	电弧擦伤	不允许		允许个别电弧擦伤

续表 A.5.3-2

项目	允许偏差		
焊缝质量等级	一级	二级	三级
外观缺陷 飞溅	清除干净		
外观缺陷 接头不良	不允许	缺口深度≤0.05t 且≤0.5	缺口深度≤0.1t 且≤1.0
外观缺陷 接头不良		每 1 000.0 焊缝不得超过 1 处	
外观缺陷 焊瘤	不允许		
外观缺陷 表面夹渣	不允许		
外观缺陷 表面气孔	不允许		
外观缺陷 角焊缝厚度不足（按设计焊缝厚度计）	—		≤0.3+0.05t 且≤2.0,每 100.0 焊缝内缺陷总长小于或等于 25.0

注:1. t 为连接处较薄的板厚。
  2. 焊缝质量要求均为对接和角接焊缝通用。
  3. 咬边如经磨削修整并平滑过渡,则只按焊缝最小允许厚度值评定。

A.5.4 综合杆铝材焊接质量检验及外观应符合下列规定:

1 铝材焊接质量检验应符合下列规定:

1)焊接检查人员和检验人员应具有相应的资格证书,焊缝无损检测除应符合设计文件规定外,尚应符合表 A.5.4的规定。当设计文件无规定时,每条焊完的焊缝应按照表 A.5.4 的规定在焊后状态下进行检验。若设计文件规定进行其他检验项目时,应提出检验方法和合格标准。

表 A.5.4 检验方法

检验方法	对接焊缝(板或管)	角焊缝及支管连接焊缝
外观检验(ISO 17637)	强制	强制
弯曲试验(GB/T 2653)	强制	不适用
做射线试验时,还必须附件弯曲或断裂试验		

2)焊缝缺陷等级按现行行业标准《焊接质量控制要求》

GJB 481 中附录 A 的规定划分为Ⅰ、Ⅱ、Ⅱ级。Ⅰ、Ⅱ级接头的等级由设计部门根据焊件的结构特点、工作条件、受力情况、重要程度级工艺上的可能性,会同工艺部门综合评定后确定,并应在设计文件中注明,未注明的为Ⅲ级接头。焊缝接头的质量要求应符合现行国家标准《铝及铝合金熔焊》GJB 294A 的相关规定。

3）当设计文件没有具体规定时,焊缝检测比例和质量等级同表 A.5.3-1 钢材焊缝质量检验要求。

2 铝材焊接的焊缝必须 100% 进行外观检查。除应满足现行国际标准《焊缝无损检验—熔焊接头外观检验》ISO 17637 的相关规定外,还应满足下列要求:

1）检查前,应将焊缝及其附近表面的飞溅物清除,焊缝应与母材表面圆滑过渡,其表面不得有裂纹、未融合、气孔、氧化物夹渣及过烧等缺陷。

2）焊缝余高:当母材厚度 $S \leqslant 10$ mm 时,不得超过 3 mm;当母材厚度 $S > 10$ mm 时,不得超过 $1/3S$ 且不大于 5 mm。

3）角焊缝的焊角高度应大于或等于两焊件中较薄焊件母材厚度的 70%,且不应小于 3 mm。

4）当母材厚度 $S \leqslant 10$ mm 时,焊缝咬边深度不得超过 0.5 mm;当母材厚度 > 10 mm 时,焊缝咬边深度不得超过 0.05 倍母材厚度且不得超过 0.8 mm。焊缝两侧咬边总长度不得超过焊缝总长度的 10%,管材环缝不得超过焊缝总长度的 20%。

A.5.5 综合杆杆体制孔应符合下列规定:

1 杆体开孔应采用钻孔或等离子割孔,严禁采用火焰割孔。

2 螺栓孔直径比螺栓杆公称直径大 1.0 mm~1.5 mm,孔壁表面粗糙度 Ra 不应大于 25 μm 的允许偏差,应符合表 A.5.5-1 和表 A.5.5-2 的规定。

表 A.5.5-1　孔的允许偏差(mm)

序号	项目	允许偏差	示意图
1	孔径	$+0.8$ 0.0	
2	圆度 d	1.5	
3	孔中心垂直度 e	$0.03t$,且$\leqslant 2.0$	

注:第1、2项不应同时存在。

表 A.5.5-2　孔距允许偏差(mm)

序号	项目	允许偏差	示意图
1	杆体端部至第一个孔距离 S_1	± 3.0	
	同组内相邻两孔距离 S_2	± 1.0	
2	穿线孔位置	± 3.0	

A.5.6　综合杆制管及附件平整度应符合下列规定:

　　1　钢板制弯后的管的内外表面应光滑,表面不得有损伤、褶皱和凹面,划道、刮伤深度应小于壁厚允许负偏差的1/2,且不应大于 0.5 mm。引起应力集中的尖锐划伤应打磨平,表面修磨后的实际厚度应符合钢管厚度负偏差的要求。钢板制管的允许偏

— 103 —

差应符合表 A.5.6-1 的规定。

表 A.5.6-1　钢板制管允许偏差

项目		允许偏差	示意图
制管直径 D	对接接头、带颈法兰连接	±1.0	
	平面法兰连接	±2.0	
制管圆度 D_1-D_2	对接接头、带颈法兰连接	1.0	
	平面法兰连接	3.0	
棱边宽度 b		±2.0	
多边形钢管制弯角度 α		±1.0°	
同一截面的对边尺寸 D	对接接头	±1.0	
	其他处	±3.0	
直线度 f		L/1 500，且不大于 5.0	
局部凸起或凹陷 f		300 长度内不大于 3.0	
单节杆段上下两截面轴向扭转 α		40	

続表 A.5.6-1

项目	允许偏差	示意图
法兰面对轴线倾斜 p	1.5	
法兰中心偏移 e	3.0	

注:表格内的"允许偏差"未标注单位的均为 mm。

    2 零部件平面度、直线度和平行度应符合表 A.5.6-2 的规定,且应符合现行国家标准《焊接结构的一般尺寸公差和形位公差》GB/T 19804 的相关规定。

表 A.5.6-2 平面度、直线度和平行度公差(mm)

公差等级	公称尺寸 L(对应表明的较长边)的范围		
	>30~120	>120~400	>400~1 000
	公差		
E	±0.5	±1.0	±1.5
F	±1	±1.5	±3
G	±1.5	±3.0	±5.5
H	±2.5	±5.0	±9

A.5.7 综合杆镀锌及其他处理应符合下列规定:

    1 应优先采用热浸镀锌工艺进行内外防腐处理,可根据需要进行喷漆或喷塑;热浸镀锌应符合现行国家标准《金属覆盖层 钢铁制件热浸镀锌层技术要求及试验方法》GB/T 13912 的相关规定。

2 热浸镀锌表面应平滑,无滴瘤、粗糙和锌刺,无起皮、漏锌和残留的溶剂渣,在可能影响热浸镀锌工作中使用或耐腐蚀性能的部位不应有锌瘤和锌渣。

3 镀锌层与综合杆基体结合应牢固,经锤击等试验,锌层不剥离、不凸起。

4 热浸镀锌完毕后宜进行钝化处理。镀锌层进行 48 h 盐雾试验,试验的方法和相关步骤应符合现行国家标准《人造气氛腐蚀试验 盐雾试验》GB/T 10125 的相关规定。锌层厚度的检测方法和要求应符合现行国家标准《金属覆盖层 覆盖层厚度测量 阳极溶解库仑法》GB/T 4955、《磁性基体上非磁性覆盖层 覆盖层厚度测量 磁性法》GB/T 4956 的相关规定。

5 铝制杆体表面处理宜采用喷塑处理,涂层厚度应符合现行国家标准《一般工业用铝及铝合金挤压型材》GB/T 6892 的相关规定。杆体采用氧化工艺,应光泽均匀,氧化膜厚度的平均值不应小于 12 μm,最小点不应小于 10 μm,应符合现行国家标准《铝及铝合金硬质阳极氧化膜规范》GB/T 19822 的相关规定。杆身后期开孔应能满足自身防腐性能要求。

A.5.8 综合杆喷涂应符合下列规定:

1 杆件热浸镀锌后宜喷塑或喷漆进行外表面美化处理,喷塑应符合现行行业标准《钢门窗粉末静电喷涂涂层技术条件》JG/T 495的相关规定。喷塑色卡号 RAL9011,表面光泽度 40%。喷漆涂层表面光滑、平整、无露底、橘皮、颗粒、缩孔、流挂等涂装缺陷,喷漆涂层颜色均匀,符合标准色卡 RAL9011。

2 铝合金杆采用其他处理后宜喷塑或喷漆进行表面美化处理,喷塑应符合现行行业标准《钢门窗粉末静电喷涂涂层技术条件》JG/T 495 的相关规定。

3 喷塑应采用优质户外纯聚酯塑粉,能抗紫外线,应满足现行国家标准《色漆和清漆 涂层老化的评级方法》GB/T 1766 的相关规定。

4 涂层外观应平整光洁,无金属外露、皱褶、细小颗粒和缩孔等涂装缺陷。

5 涂层厚度的平均值不应小于 80 μm,且最薄处不应小于 60 μm。涂层厚度测量标准应符合现行国家标准《色漆和清漆 漆膜厚度的测定》GB/T 13452.2 的相关规定。

6 涂层的硬度不应低于 2H,并应符合现行国家标准《色漆和清漆 铅笔法测定漆膜硬度》GB/T 6739 和《漆膜耐冲击测定法》GB/T 1732 的相关规定,冲击强度不应小于 50 kg/cm²。涂层的划格试验应达到现行国家标准《色漆和清漆 漆膜的划格试验》GB/T 9286 中检查结果分级表中 1 级。

7 主杆底部法兰底面和顶部主副杆连接法兰顶面不得喷塑或喷漆,副杆底部法兰以上 100 mm 内不得喷塑或喷漆,主杆横臂法兰和横臂法兰之间接触面不得喷塑或喷漆。

A.5.9 热浸镀锌后综合杆杆体修整的总面积不应大于镀件总面积的 0.5%,且每个修复镀锌面不应大于 10 cm²。修复区域的涂层厚度应比镀锌最小平均厚度加厚 30 μm 以上。其他金属构件的修整部位不应大于整个表面积的 5%。

A.5.10 综合杆整体组装公差应按照表 A.5.10 的规定进行测量校正。

表 A.5.10 组装允许偏差(mm)

项目	允许偏差	示意图
法兰连接杆总长度 L	$L/10\,000$	
直线度 f	$L/1\,000$	
横臂在同一平面内水平位移 e	$5L/1\,000$ 且不大于 10	

项目	允许偏差	示意图
法兰连接的局部间隙 a	3.0	
法兰对口错边	2.0	
法兰贴合率	75%	
杆垂直度偏差	$H/750$	
灯臂仰角偏差	±10	

A.6 设计、检验和试验要求

A.6.1 综合杆的设计应符合下列规定：

1 综合杆生产厂商应具有综合杆各部件和各分型杆体的设计能力,应能进行综合杆各部件和各分型杆体的定型设计,提供标准化的综合杆产品。

2 综合杆生产厂商在各型综合杆产品的标准化设计中,应按照选取的标准部件产品进行组合验算,并应满足本标准的相关规定。

3 综合杆生产厂商进行综合杆各型部件或整杆产品定型

前,应进行定型试验,并按照本标准的相关规定做第三方试验或测试,提供定型产品的第三方测试报告。

4 施工方应根据搭载设施、杆体高度和横臂长度等需求,结合风压或风速值,按照本标准的相关规定计算选取合适的标准产品。

A.6.2 综合杆的检验应符合下列规定:

1 综合杆各部件和各分型杆体标准产品的生产过程中应具有严格的产品质量控制流程。

2 原材料应进行厚度检验,厚度公差不超过 0.25 mm(全检),并应符合现行国家标准《热轧钢板和钢带的尺寸、外形、重量及允许偏差》GB/T 709 的相关规定。必要时,对机械性能和化学成分进行抽样检测,应符合现行国家标准《低合金高强度结构钢》GB/T 1591 的相关规定。

3 综合杆主杆、横臂、副杆、卡槽、灯臂应按照第 A.5.1～A.5.6 条的要求检验检测。副杆和灯臂如采用铝合金材质,还应符合现行国家标准《铝及铝合金挤压型材尺寸偏差》GB/T 14846 的相关规定。

4 综合杆出厂整件检测检验应符合下列规定:

1)使用新的设计、新的工艺时,应进行试组装试验。试组装时,各构件应处于自由状态,不得强行组装,所使用螺栓数目应能保证构件的定位需要且每组孔不少于该组螺栓孔总数的 30%,并应用试孔器检查板叠孔的通孔率;当采用比螺栓公称直径大 0.3 mm 的试孔器检查时,全部孔的通孔率为 100%。

2)热镀锌应按照表 A.6.2 的规定执行,并应满足现行国家标准《金属覆盖层 钢铁制件热浸镀锌层技术要求及试验方法》GB/T 13912 的相关规定。

表 A.6.2　镀锌厚度及测试方法

材料厚度	锌层局部厚度（μm）	锌层平均厚度（μm）	测试方法
<6 mm	55	70	五点平均值，磁性测试法
≥6 mm	70	85	

3） 喷涂检测：喷涂厚度、附着力应符合第 A.5.8 条的规定。

4） 杆体采用内外表面热浸镀锌防腐处理时，内外表面均应光洁、锌层均匀，无漏镀、起皮、流坠、锌瘤、斑点及阴阳面等缺陷；经锤击试验，锌层不剥离、不凸起；热浸镀锌完毕后，宜进行钝化处理。

5 综合杆批次抽样检验无特殊要求的，采用现行国家标准《计数抽样检验程序　第 1 部分：按接受质量限（AQL）检索的逐批检验抽样计划》GB/T 2828.1 中一般检验水平Ⅱ。钢材质量、零部件尺寸、焊接件及焊缝质量等项目的抽样方案，采用现行国家标准《计数抽样检验程序　第 1 部分：按接受质量限（AQL）检索的逐批检验抽样计划》GB/T 2828.1 中正常检验一次抽样方案。锌层和试装质量采用现行国家标准《周期检验计数抽样程序及表（适用于对过程稳定性的检验）》GB/T 2829 中判别水平Ⅰ的一次抽样方案。

A.6.3 综合杆抗弯承载力试验应符合下列规定：

1 综合杆主杆、副杆和横臂的抗扭曲承载力试验（见图 A.6.3）应符合下列规定：

1） 使综合杆轴线与地面呈水平状态，将综合杆法兰固定在测试台的安装支架上。

2） 选取综合法兰盘安装支架面距离为 H_1 的中心点作为测试点，在该点上以悬挂重物的方式施加垂直拉力 P_W；同时选取横臂端部（设备安装位置，设备可以有多处）作为测试点，在该点上以悬挂重物的方式施加垂直拉力 P_L。

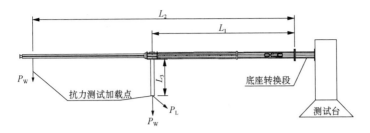

图 A.6.3　综合杆抗弯扭承载力试验示意图

2　综合杆的荷载误差试验应符合下列规定：

　　1）除非另有要求，试验中任何时候加载点施加的荷载和对应各点的实测的荷载误差应不超过 5％。

　　2）各级荷载稳定时的载荷允许范围应满足表 A.6.3-1 的规定。

表 A.6.3-1　荷载误差

序号	荷载级别	允许范围
1	50％	49％～51％
2	75％	74％～76％
3	90％	89％～91％
4	95％	94％～96％
5	100％	100％～102％

3　综合杆加载速率和荷载持续时间试验应符合下列规定：

　　1）对于每一级荷载，加荷应尽可能平稳、均匀。

　　2）试验 100％级别的荷载应最少持续 1 min，最多 5 min，荷载持续的时间应在试验方案中确定。

　　3）其他试验要求可按照现行行业标准《架空线路杆塔结构荷载试验》DL/T 899 的相关规定执行。

次序	加载重量	杆件长度	杆件直径	杆件重量	加载点位置	顶端挠度	是否破坏	备注
1								
2								
3								
...								

A.6.4 综合杆整体加工完成后,应对产品进行第三方检测机构的检验检测及加载试验,出具由有资质的专业检验检测机构盖章的检验检测报告及试验报告。检验检测及加载试验内容包含但不限于:

1 外观检测。

2 焊缝检测。

3 热浸镀锌层检测。

4 塑层厚度、附着力、硬度等检测。

5 不同口径和连接方式的横臂,需进行第三方抗弯能力试验检测。

A.7　检测要求

A.7.1 原材料检测应符合下列规定:

1 钢材的品种、规格、性能等应符合国家现行产品标准和设计要求。钢材产品的质量应符合设计和合同规定标准的要求。

检查数量:全数检查。

检查方法:检查质量合格证明文件、中文标志及检验报告等。

2 对属于下列情况之一的钢材,应进行抽样复验,其复验结果应符合国家现行的产品标准和设计要求。

　　1)国外进口钢材。

　　2)钢材混批。

3）对质量有疑义的钢材。

检查数量:对属于上述情况之一的每一批次、规格的钢材做抽样复检。

检查方法:检查检测报告。

3 钢板厚度及允许偏差应符合其产品标准的要求。

检查数量:每一品种、规格的钢板抽查 5 处。

检查方法:用游标卡尺量测。

A.7.2 连接用紧固标准件应符合下列规定:

1 综合杆结构连接用普通螺栓、地脚锚栓等紧固标准件及螺母、垫圈等标准配件,其品种、规格、性能等应符合国家现行产品标准和设计要求。

检查数量:对所有批次、规格检查。

检查方法:检查产品的质量合格证明文件、中文标志及检验报告等。

2 应对螺栓的抗拉强度、屈服强度、延伸率进行抽样复验,复验结果应符合国家现行产品标准和设计要求。

检查数量:每种应抽取 8 套。

检查方法:检查复验报告。

A.7.3 焊接应符合下列规定:

1 焊条、焊丝、焊剂等焊接材料与母材的匹配应符合设计要求及现行行业标准《钢结构焊接技术规定》JGJ 81 的相关规定。焊条、焊剂等在使用前,应按其产品说明书及焊接工艺文件的规定进行烘焙和存放。

检查数量:全数检查。

检查方法:检查质量证明和烘焙记录。

2 焊工必须经考试合格并取得合格证书。持证焊工必须在其考试合格项目及认可范围内施焊。

检查数量:全数检查。

检查方法:检查焊工合格证及其认可范围、有效期。

3 二级焊缝的质量等级及缺陷分级应符合表 A.5.3-1 的规定。二级焊缝应采用超声波探伤进行内部缺陷的检测;超声波探伤不能对缺陷做出判断时,应采用射线探伤,其内部缺陷分级及探伤方法应符合国家现行标准的规定。

检查数量:全数检查。

检查方法:检查超声波或射线探伤记录。

4 焊缝表面不得有裂纹、焊瘤等缺陷。二级焊缝不得有表面气孔、夹渣、弧坑裂纹、电弧擦伤等缺陷。

检查数量:每批同类构件抽查 10%,且不应少于 3 件;被抽查的构件中,每一类型焊缝按条数抽查 5%,且不应少于 1 条;每条检查 1 处,总抽查数不应少于 10 处。

检查方法:观察检查或使用放大镜、焊缝量规和钢尺检查;当存在疑义时,采用渗透或磁粉探伤检查。

5 二、三级焊缝外观质量应符合现行国家标准《钢结构工程施工质量验收规范》GB 50205 的相关规定。三级焊缝应按二级焊缝的标准进行外观质量检验。

检测数量:每批同类构件抽查 10%,且不应少于 3 件;被抽查的构件中;每一类型焊缝按条数抽查 5%,且不应少于 1 条;每条检查 1 处,总抽查数不应少于 10 处。

检查方法:观察检查。

6 焊缝尺寸允许偏差应符合现行国家标准《钢结构工程施工质量验收规范》GB 50205 的相关规定。

检查数量:每批构件抽查 10%,且不应少于 3 件;被抽查的构件中,每一类型焊缝按条数抽查 5%,且不应少于 1 条;每条检查 1 处,总抽查数不应少于 10 处。

检查方法:用焊缝量规检查。

7 焊缝感官应达到:外观均匀、成型较好,焊道与焊道、焊道与基本金属间过渡较平滑,焊渣和飞溅物基本清除干净,并应符合表 A.5.3-2 的有关要求。

检查数量:每批构件抽查 10%,且不应少于 3 件;被抽查的构件中,每种焊缝按条数抽查 5%,总抽查数不应少于 5 处。

检查方法:观察检查。

A.7.4 制孔检测应符合下列规定:

1 C 级螺栓孔(Ⅱ类孔)直径比螺栓杆公称直径大1.5 mm～2 mm,孔壁表面粗糙度 Ra 应大于 25 μm,孔的允许偏差符合表 A.5.5-1 的规定。A、B 级螺栓孔(Ⅰ类孔)的要求按现行国家标准《钢结构工程施工质量验收规范》GB 50205 的相关规定执行。

检查数量:按钢构件数抽查 10%,且不应少于 10 件。

检查方法:用游标卡尺或孔径量规检查。

2 螺栓孔孔距的允许偏差应符合表 A.5.5-2 的规定。

检查数量:按钢构件数抽查 10%,且不应少于 10 件。

检查方法:用钢尺检查。

A.7.5 部件制作完成后和装配件装配完成后,构件的外形和几何尺寸应满足表 A.5.6-1 和表 A.5.10 的规定和设计要求。

检查数量:每种规格抽查 10%,且不少于 5 件。

检查方法:实测检查。

A.7.6 热浸镀锌应符合下列规定:

1 镀锌的锌层厚度应按设计要求,偏差应小于±10 μm,并应符合表 A.6.2 的规定。

检查数量:按钢构件数抽查 10%,且不应少于 10 件。

检查方法:采用超声波或磁性法进行检测。每个构件应至少检测 5 处,取算术平均值作为该构件的锌层厚度。

2 构件镀锌表面应平滑,无滴瘤、粗糙和锌刺,无起皮,无漏镀,无残留的溶剂渣。

检查数量:全数检查。

检查方法:观察检查。

3 构件漏镀面的总面积不应超过构件总表面积的 0.5%,每个漏镀面的面积不应超过 10 cm²;若漏镀面积大于上述规定值,构件应予重镀。

    检查数量:全数检查。

    检查方法:观察检查、钢尺测量。

    4 喷涂层厚度应按设计要求,偏差不应小于±10 μm,并应符合第 A.5.8 条的规定。

    检查数量:10%构件。

    检查方法:用测厚仪检测。每个构件应至少检测 5 处,取其算术平均值作为该构件的涂层厚度。

A.8 验收、移交和运输要求

A.8.1 综合杆主要部件应符合下列规定:

    1 主杆杆体应做第三方检测,并提供检测报告。

    2 副杆应做第三方检测,并提供检测报告。

    3 不同口径和连接方式的横臂应做第三方抗弯能力试验检测,并提供试验报告,试验方法应符合第 A.6.3 条的规定。

A.8.2 综合杆生产过程中的随工检测应包含下列内容:

    1 所用钢材、铝材等材料的出厂报告。

    2 材料进场后材料尺寸及工厂检查记录。

    3 各标准紧固件和非标紧固件的质量证明。

    4 杆体各类焊缝的抽检记录。

A.8.3 综合杆出厂交付前的检测应包含下列内容:

    1 产品热浸镀锌后的相关尺寸检查记录。

    2 热浸镀锌后锌层检查记录。

    3 喷涂后喷涂层检查记录。

A.8.4 综合杆出厂交付的资料应符合下列规定:

    1 出厂文档资料形式应满足下列要求:

        1) 钢结构产品相关材料的出厂报告和检查记录并盖章。

2）铝合金产品相关材料出厂报告和检查记录并盖章。

3）不锈钢产品相关材料出厂报告和检查记录并盖章。

4）各类紧固件相关材料出厂报告和检查记录并盖章。

2 出厂文档资料内容应满足下列要求：

1）钢材的品种、规格、力学性能、化学成分等应符合国家现行产品标准和设计要求。

2）铝材的品种、规格、力学性能、化学成分等应符合国家现行产品标准和设计要求，异形截面应提供截面图纸。

3）焊接材料的品种、规格、性能等应符合国家现行产品标准和设计要求。

4）综合杆结构连接用普通螺栓、锚栓（机械型和化学试剂型）、地脚锚栓等紧固件及螺母、垫圈等标准配件，其品种、规格、性能等应符合现行国家标准《1 型六角螺母 C 级》GB/T 41、《平垫圈 C 级》GB/T 95、《紧固件机械性能 螺栓、螺钉和螺柱》GB/T 3098.1、《紧固件机械性能 螺母》GB/T 3098.2 和《六角头螺栓 C 级》GB/T 5780 的相关规定。

5）各焊接位置应根据国家生产规范要求进行检测并记录。

3 出厂文档资料应包括产品合格证、产品安装使用说明书、易损件图册、备件明细表、装箱单等。

A.8.5 综合杆的运输应符合以下规定：

1 包装应牢固，保证在运输过程中包捆不松动，避免部件之间、包装物之间相互摩擦，损坏锌层和喷塑层。

2 钢管体和铝合金管体的突出部分，如法兰、节点板等，采用有弹性、牢固的包装物包装。

3 包装前，可使用耐老化橡胶塞、耐老化塑料塞或其他有效方法封堵镀锌工艺孔。

4 钢管和铝合金部件应保证在运输过程中具有可靠的稳定性，部件之间或部件与车体之间应有防止部件损坏、锌层和塑层磨损和防止产品变形的措施。采用吊车装卸时,应使用专用吊具。

    5 部件运输至现场后,应进行检验。在运输过程中发生的变形,应进行校正。

附录 B 综合设备箱技术要求

B.1 基本组成

B.1.1 综合设备箱主要由主箱体、顶盖、底座、附属及可选部件组成。

B.1.2 附属部件包括综合设备箱配电单元、综合设备箱监控管理单元、接地装置、网络接口、走线装置、密封组件、门锁、风扇等。

B.1.3 综合设备箱生产厂商可根据实际需要开发其他可选配的部件。

B.2 式样和材料

B.2.1 综合设备箱外形及尺寸要求见表 B.2.1 和图 B.2.1。

表 B.2.1 综合设备箱尺寸

高度(H)	宽度(W)	深度(D)
1 250 mm	750 mm	480 mm

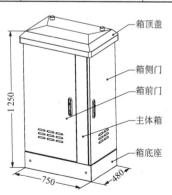

图 B.2.1 综合设备箱外形示意图(mm)

B.2.2 综合设备箱的外表面材料应采用厚度不小于 1.5 mm 的 S304 不锈钢。

B.2.3 综合设备箱表面喷涂黑色涂料,颜色为 RAL9011(石墨黑哑光)。涂料的近红外光反射比应不小于 0.45,太阳光反射比应不小于 0.25,涂层厚度不小于 120 μm。涂层应确保 5 年内失光等级不大于 3 级。箱体内部涂覆层表面应光洁、色泽均匀,且无结瘤、缩孔、起泡、针孔、开裂、剥落、粉化、颗粒、流挂、露底、夹杂脏物等缺陷。

B.2.4 综合设备箱焊接、组配、防腐处理等工艺应符合相关标准,无虚焊、毛刺、撕边、搭接不工整等现象。综合设备箱外露和操作部位应光滑、无锋边、无毛刺、无锈蚀。外部边缘宜采用圆角设计。

B.2.5 综合设备箱各个表面的不平整度不大于 3 mm,门板、壁板、隔板平整,无扭曲、变形。箱门采用黑色暗铰链,门缝宽度不大于 5 mm。

B.2.6 综合设备箱标志应齐全、清晰、色泽均匀、耐久可靠。

B.2.7 工程设计单位根据整体环境要求,可采用加装箱装饰罩、基础喷涂、基础包边等措施对综合设备箱进行保护和美化装饰等设计。此情况下,综合设备箱颜色及表面处理工艺应根据设计要求定制。

B.2.8 综合设备箱箱体设计使用寿命不少于 20 年,综合设备箱厂商应向用户提供关键易损部件的使用年限及维护要求。

B.3 环境要求

B.3.1 综合设备箱在设计上应具备承受上海地区各种气候环境的能力,包括雨、雪、冰雹、风、冰、雷电及不同等级的太阳辐射等。

B.3.2 工作温度范围为 $-10\ ℃\sim+44\ ℃$。

B.3.3 相对湿度范围为 $5\%\sim95\%$。

B.3.4 综合设备箱内部采用风扇散热,要求工作温度在 $-10\ ℃\sim+44\ ℃$ 范围内,综合设备箱满负荷工作时,用户舱内温度不高于 $+55\ ℃$。

B.4 结构配置要求

B.4.1 综合设备箱主箱体基本结构应符合下列规定：

1 主箱体基本结构由框架、前门、侧门、公共服务舱、若干个用户舱及相应定位、紧固件组成（见图 B.4.1-1）。为理线及维护方便，可开设后门。综合设备箱结构及其内部组成部件应牢固。

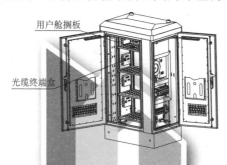

用户舱搁板

光缆终端盒

图 B.4.1-1 综合设备箱基本结构示意图

2 前门位于用户舱操作者相对的操作面，侧门位于用户舱操作者右侧的一面。

3 箱门应采用外开门方式，开启方向如图 B.4.1-2 所示，每个门的最大开启角度应不小于 95°。每个箱门均带锁，门锁具备防盗功能，锁体内嵌、三点式锁定。每个门应有门限位装置，在门处于"打开"状态时，门限位装置应具备限位作用。门限位装置在限位状态下应能承受 22 m/s 的风产生的开关门引起的静载荷，无机械破坏或功能失效。箱门内侧宜设置文件夹，可放置相关的文件资料。

4 综合设备箱设有通风口，通风口应采取措施防止雨水顺通风口进入箱体。所有通风口应具有防尘网，防止虫和啮齿类动物侵入，并便于清洁维护和更换。防尘网应具有耐腐蚀性。综合设备箱厂商提供的文件应包含防尘网的维护或更换操作指南。

5 当综合设备箱满载重量超过 90 kg 时，应设计提吊装置（如吊环螺栓、起吊板等），在安装说明中明确起吊要求，起吊装置的定位应确保综合设备箱在移动过程中平稳、平衡。

6 综合设备箱厂商应有合理的机箱风道设计，满足第 B.3 的要求。

7 综合设备箱结构设计应考虑可维护性及意外损伤防护等要求，维护时尽可能不影响用户舱设备的正常运行。

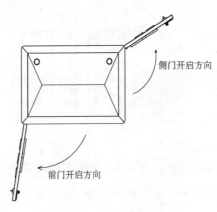

侧门开启方向

前门开启方向

图 B.4.1-2　综合设备箱俯视图

B.4.2 综合设备箱内应设置公共服务舱，舱内安装配电单元、监控管理单元、接地防护、光缆配线架等器件，为用户舱提供供电、电源管理、报警、接地服务。

B.4.3 综合设备箱内应设置若干用户舱，舱内安装视频监控服务设备。用户舱的分隔及布局应充分考虑使用、维护要求，并考虑走线合理性。用户舱配置应符合下列规定：

1 用户舱总高度不小于 667 mm(15U)。

2 用户舱深度不小于 380 mm。

3 用户舱宽度不小于 482.6 mm(19 英寸)，确保 19 英寸插箱的安装。

4 用户舱的数量、分隔要求及每个用户舱的规格等按照施工图设计文件设置。制造厂商应按照设计要求进行分隔,分隔宜采用比较简单的分隔材料,如镂空板材、金属丝网等,便于综合设备箱整体通风散热。

    5 用户舱分隔应能上下调整位置,可根据视频监控服务设备的实际空间使用需求调整用户舱的高度。用户舱框架结构的四个立柱应有基准安装孔,孔距为 1/3U,用于用户舱分隔的定位与安装。

    6 用户舱应支持舱内设备的导轨、壁挂、盘式等多种安装方式。制造厂商应按照设计要求提供安装方式及其配件。

B.4.4 综合设备箱内应设置走线装置,并应符合以下规定:

    1 应符合通信线缆和电源线的布放,且达到强电、弱电、信号分区走线,所有线缆固定件设置应合理、充分、方便操作。

    2 箱内过线区应预留足够过线容量,以满足综合设备箱满配的接线操作要求。箱内过线区应考虑线缆引入、固定时操作的便利性、可维护性和可扩容性。

    3 电源线、信号线和光缆应有独立的进线孔,避免相互干扰。线缆进出孔处,应设置橡胶圈并进行密封,防止水和啮齿类动物进入综合设备箱。

B.4.5 综合设备箱顶部必须配置箱顶盖。顶盖尺寸比柜体稍大,采用斜面利于雨水的流动,外形见图 B.4.5。箱顶盖上应安装圆柱形 GPRS 天线 2 个,以供远程监控使用。

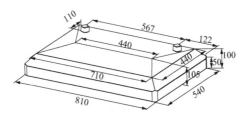

图 B.4.5 箱顶盖外形图(mm)

B.4.6 综合设备箱底座应符合综合设备箱与设备的承重要求,并应符合下列规定:

1 箱底座高度宜不小于 150 mm,满足综合设备箱安装、线缆进出的操作空间需求。

2 综合设备箱底座宜采用框架式结构,内部设置三角形加固部件,如图 B.4.6 所示。

3 综合设备箱底座内可盘绕少量光缆,以确保施工抽动时不扯断光缆。

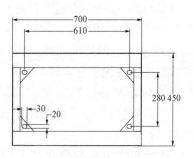

图 B.4.6　箱底座平面图(mm)

B.5　配电单元要求

B.5.1 综合设备箱内应设置配电单元,分别安装在公共服务舱和各用户舱,用于电源的引入、分配、保护、分合、接插(插座或端子)等。

B.5.2 综合设备箱配电单元应能同时引入彼此完全独立的 A(财政支付用电)、B(非财政支付用电)双路电源,并分别配电。对于财政支付电源 A,其配电要求如图 B.5.2 所示。

B.5.3 综合设备箱配电单元的输入电源宜采用 AC 220 V 电源,每路电源的输入电流允许最大值、各输出回路电流允许最大值以及电源转换参数等应符合设计规定。

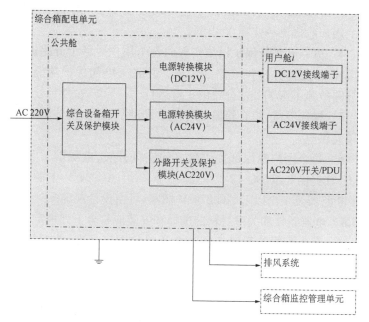

图 B.5.2　综合设备箱配电单元功能示意图

B.5.4 综合设备箱外部电源输入端应设接线端子,作为内外电源的清晰界面,应接入 2 根三相五线 25 mm² 电缆。各输出回路应设接线端子组或插座,为设备提供接电条件。

B.5.5 公共服务舱配电单元为每个用户舱提供可独立控制电源,电源的电压和功率应符合设计规定。公共服务舱配电单元宜由综合设备箱开关及保护模块、AC 220 V 转 DC 12 V 电源转换模块、AC 220 V 转 AC 24 V 电源转换模块、AC 220 V 分路开关及保护模块等功能模块组成,并应符合下列规定:

　　1　综合设备箱开关及保护模块实现自动重合闸、关合及漏电保护、浪涌保护、过载保护、短路保护、欠电压保护等功能。

　　2　AC 220 V 转 DC 12 V 电源转换模块实现电源转换并向各个用户舱、电子锁提供 DC 12 V 电源。

3 AC 220 V 转 AC 24 V 电源转换模块实现电源转换并向各个用户舱提供 AC 24 V 电源。

4 分路开关及保护模块实现向各个用户舱各个分路提供独立可控的电源,并提供分路的过载、短路、欠电压保护功能,确保某分路故障不影响其他分路的正常运行。

5 排风系统、综合箱监控管理单元、照明等由公共服务舱配电单元供电。

6 每个用户舱内部提供独立的空气开关、电源端子和接地端子,宜提供 2 组 DC 12 V 电源端子、3 组 AC 24 V 电源端子、1 个断路器及 1 个以上 AC 220 V 插座,可由设计规定。

B.5.6 电器元件和关键材料的选择和安装应符合下列规定:

1 箱内配置的元器件应符合相关的国家标准,技术规格应适合于它们的额定电压、额定电流、额定频率、使用寿命、短路耐受强度等。

2 电器元件安装应考虑元器件的安装技术要求(如飞弧距离、爬电距离、电气间隙、电磁干扰、防护要求)和产品说明书中注明的注意事项。

B.5.7 电源输入、输出特性要求应符合下列规定:

1 输入电源额定值(偏差符合国家电网要求):

1) 额定电压:220 V。

2) 频率:50 Hz。

2 输出电源额定输出电压、额定输出电流、额定功率等由设计确定,默认 AC 220 V/1 000 W, AC 24 V/720 W, DC 12 V/140 W。

B.6 监控管理单元要求

B.6.1 综合设备箱内应配置监控管理单元,实现综合设备箱内各用户舱的用电信息采集和运行环境的感知,完成信息的数据采集、数据管理、数据传输以及执行管理系统下发的控制命令。监控管理单元组成见图 B.6.1。

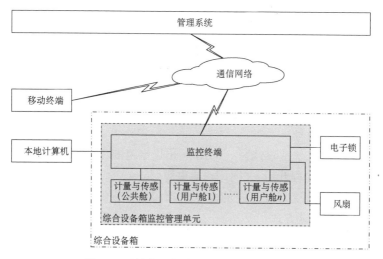

图 B.6.1　综合设备箱监控管理单元框架图

B.6.2　综合设备箱监控管理单元应满足在室外环境温度、湿度、灰尘、电磁扰动条件下长期稳定可靠运行的要求,并兼顾可生产性、可维护性及意外损伤防护等要求。

B.6.3　综合设备箱监控管理单元的功能要求应符合下列规定:

　　1　提供道路综合设备箱运行状态监测,包括:

　　　1)　输入电压、电流、功率、电量。

　　　2)　内部温度、湿度。

　　　3)　风扇启闭状态。

　　　4)　箱门状态。

　　　5)　底部积水状态。

　　2　综合设备箱监控管理单元实时监测综合设备箱及用户舱的运行状态,当发生状态变化或监测数据超出规定范围时,发出告警信号,并上报到管理系统。告警功能包括:

　　　1)　超温告警:当综合设备箱、公共服务舱、用户舱内温度超出规定范围时,应能发出高温/低温告警信号。

    2) 风扇告警:当风扇发生异常启闭时,应能发出风扇运行异常告警。

    3) 门禁告警:当发生门禁开启、关闭时,发出告警信号。

    4) 积水告警:当综合设备箱底部积水超过规定高度时,能发出告警信号。

    5) 电压越限告警:当供电电压偏离设定范围,能发出告警信号。

    6) 功率越限告警:当功率超出设定范围,能发出告警信号。

  3 可远程开启、关闭用户舱电源。

  4 可接受管理系统的命令对箱门电子锁实施管理,并支持以下三种开锁方式:

    1) 远程开锁:管理中心人员远程下达命令由综合设备箱监控管理单元开锁。

    2) 远程授权:维护人员在现场用授权后的智能手机开锁。

    3) 维护人员在任何情况下都可以用授权后的电子钥匙开锁。

  5 应能接受管理系统的命令启动、关闭风扇,当箱内温度超过限定范围后,可自动启动风扇。

  6 综合设备箱监控管理单元中的监控终端具备远程通信接口,应支持无线、有线通信方式,实现和管理系统双向通信。管理系统可向综合箱监控管理单元下达控制命令、下发参数和更新应用程序;综合箱监控管理单元可向管理系统发送综合设备箱运行状态、用户舱运行状态和告警信息。

B.6.4 综合设备箱监控管理单元功能配置应符合下列规定:

  1 综合设备箱监控管理单元功能选取宜符合表 B.6.4-1 要求。

表 B.6.4-1　功能配置项

功能		必备	选配
数据采集	用电数据	√	
	状态量	√	
	温度	√	
	湿度		√
数据处理和存储	实时数据	√	
	曲线数据		√
	历史日数据	√	
参数设置和查询	时钟召测与对时	√	
	限值参数	√	
	风扇控制参数		√
控制	电源控制		√
	风扇控制	√	
	电子锁控制	√	
告警事件记录	电压越限事件	√	
	功率越限事件	√	
	温度越限事件	√	
	风扇告警事件	√	
	积水告警事件		√
	门禁开闭事件	√	
	电子锁开闭事件	√	
	停上电事件	√	
数据传输	与平台通信	√	
	与电子锁通信	√	

功能		必备	选配
本地功能	本地维护接口	√	
终端维护	终端初始化	√	
	远程升级	√	

注：曲线数据是指监控终端每日从某一基准时间起以固定间隔冻结的采集数据。如电压曲线的基准时间是 00:00，冻结时间间隔为 15 min，则一日的电压曲线则为从 00:00 开始每隔 15 min 冻结当时采集电压形成的 96 个电压数据。

2 综合设备箱监控管理单元终端采集的数据类型宜符合表 B.6.4-2 要求。

表 B.6.4-2 采集数据项

序号	数据项	标配	选配
1	综合设备箱进线电压、电流、功率、电量	√	
2	综合设备箱温度	√	
3	综合设备箱湿度		√
4	各箱门门禁状态	√	
5	积水状态		√
6	风扇状态	√	
7	电子锁状态	√	

3 综合设备箱监控管理单元对采集数据的分类存储宜符合表 B.6.4-3 要求。

表 B.6.4-3 数据处理和存储项

序号	数据项	必备	选配
一	实时数据		
1	综合设备箱进线电压、电流、功率、日电量、月电量	√	
2	综合设备箱温度	√	

序号	数据项	必备	选配
3	综合设备箱湿度		√
4	各箱门门禁状态	√	
5	积水状态		√
6	风扇状态	√	
7	电子锁状态	√	
8	监控管理终端时钟	√	
9	监控管理终端告警状态	√	
10	监控管理终端版本信息	√	
11	监控管理终端事件计数器	√	
二	曲线数据		
1	综合设备箱进线电压、电流、功率曲线		√
2	综合设备箱温度曲线		√
3	综合设备箱湿度曲线		√
三	历史日数据		
1	综合设备箱进线日累计电量	√	
2	综合设备箱进线日电压统计数据 （最大、最小值及发生时间）		√
3	综合设备箱进线日功率统计数据 （最大、最小值及发生时间）		√
4	综合设备箱日温度统计数据 （最大、最小值及发生时间）	√	

4 综合设备箱监控管理单元对告警事件的记录宜符合表
B.6.4-4 要求。

表 B.6.4-4　告警事件记录项

序号	告警事件项目	必备	选配
1	电压越限事件	√	
2	温度越限事件	√	
3	湿度越限事件		√
4	风扇告警事件	√	
5	积水告警事件		√
6	门禁开闭事件	√	
7	电子锁开闭事件	√	
8	停上电事件	√	

    5　综合设备箱监控管理单元的参数设置和查询宜符合下列规定:

        1)时钟召测和对时:应能接受管理系统的时钟召测和对时命令,对时误差不超过 5 s;终端 24 h 内走时误差应小于 0.5 s;电源失电后,时钟一年内应能保持正常工作。

        2)限值参数:应能由管理系统或本地设置和查询电压越限限值、温度越限限值等。

        3)风扇控制参数:应能由管理系统或本地设置和查询风扇控制策略及相关参数。

    6　综合设备箱监控管理单元的维护应符合下列规定:

        1)终端初始化:终端接收到管理系统下发的初始化命令,分别对硬件、参数区、数据区进行初始化,参数区置为缺省值,数据区清零,控制解除。

        2)软件下载:终端软件可通过远程通信信道实现在线软件下载。

B.7 其他附属配置要求

B.7.1 综合设备箱内用户光缆配置应符合下列规定：

1 每个用户舱左侧应配置 1 个不少于 4 端口的光纤终端盒，盒内应设置光缆固定装置，供光缆固定后与尾纤熔接。

2 光纤终端盒内配置的光纤适配器（连接法兰）接口应符合设计要求，设计未作要求时建议采用 SC 型。

3 光纤终端盒应易于拆卸和安装，便于熔接操作。

4 综合设备箱左侧走线槽供用户单位光缆接入敷设时使用，其底部及中间适当位置应设置光缆固定件，用于固定入箱后的用户光缆，规范光缆走线，确保箱体内部整洁。

B.7.2 综合设备箱应能承受正常运行及常规运输条件下的机械振动和冲击而不造成失效或破坏。综合设备箱在经过运输后，不应出现下列缺陷：

1 出现影响形状、配合和功能的变形或损坏，如铰链、锁具等功能损坏。

2 脱层、翘曲、戳穿、损坏和永久变形。

3 门开关不灵活、不可靠。

4 安装件、紧固件的弯曲、松动、移位或损坏。

5 箱门等活动部件转动不灵活、关（锁）不住、卡死。

B.7.3 综合设备箱介电性能应符合下列规定：

1 综合设备箱的每条电路都应能承受暂时过电压和瞬态过电压，并用施加工频耐受电压的方法验证综合设备箱承受暂时过电压的能力及固体绝缘的完整性；用施加耐受电压的方法验证综合设备箱承受瞬态过电压的能力。

2 综合设备箱的工频耐受电压要求按国家标准《低压成套开关设备和控制设备 第 1 部分：总则》GB 7251.1—2013 中第 9.1.2 条执行。

B.7.4 综合设备箱内照明设施配置应符合下列规定：

1 综合设备箱应为用户舱、公共服务舱提供照明，可与箱门开关联动。

2 照明灯具应采用低压灯具。

3 公共服务舱及用户舱应配置 220 V 电源插座，满足设备安装、维护操作需要。

B.7.5 综合设备箱的电磁兼容(EMC)性能应符合现行国家标准《低压成套开关设备和控制设备　第 1 部分：总则》GB 7251.1—2013 附录 J 中第 J.9.4 条的要求。

B.7.6 综合设备箱应具备锁具防淋雨、门轴防锈蚀和进出线防划割、进水措施，宜考虑结构安全防护，应符合现行国家标准《外壳防护等级》GB 4208 中 IP55 等级要求。

B.7.7 综合设备箱接地应符合下列规定：

1 箱体应设置接地铜排，接地排应具有防腐涂层，其截面积应不小于 50 mm²，并预留至少 10 个连接螺孔和配备相应的螺丝。

2 箱体内设备的保护地应直接接至接地排。

3 箱体的金属部分应互连并接至接地排，任意两点间的连接电阻应不大于 0.1 Ω。

4 箱内所有接地连线应采用外护套黄绿相间的铜芯导线，铜芯截面积应不小于 16 mm²。

5 接地连接点应有清晰的接地标识。

6 箱体必须提供接地螺栓，确保箱体及箱体内设备的接地安全。

B.7.8 综合设备箱箱体基础和预埋管应符合本标准第 4.3.4 条的规定。

B.7.9 综合设备箱安装应符合下列规定：

1 综合设备箱底部应与基础上地脚螺栓连接固定，连接固定点不得裸露在外。

2 综合设备箱底座与基础之间的缝隙应采用防水材料封堵。

3 综合设备箱的底板上应提供电缆进入的进线孔及密封圈,在机柜内部应为内部配线及电缆进线的固定提供条件。

4 综合设备箱应为光纤接线提供安装、固定及盘绕附件。

5 综合设备箱内布放的线缆不得损伤导线绝缘层,必须便于相关线缆插头的安装和维护。设备之间布线路由应合理、减少往返、距离最短。

6 箱内高压电源线、低压电源线、光纤连接线、通信线应尽可能分开布放、分别绑扎,光纤连接线的布放应考虑保护措施。

B.8 检验、验收和运输要求

B.8.1 综合设备箱外观、尺寸及结构的检查应通过目测、卷尺、直尺等器具逐项进行,并应符合下列规定:

1 检查综合设备箱应符合制造图样及相应的标准,各种元件、器件安装应牢固、端正、正确。

2 检查所有机械操作零部件、锁等运动部件的动作应灵活,动作效果正确。

3 检查综合设备箱的标志及应随综合设备箱出厂的技术文件与资料应完整。

B.8.2 按照综合设备箱电气图检查综合设备箱的配电单元,所用的器件、接线端子组、接地、电缆等应满足第 B.5 节要求,并与图纸一致。

B.8.3 综合设备箱应在额定电源电压下进行通电检查,检测综合设备箱的接线是否正确以及综合设备箱的工作特性是否达到规定的要求。通电检查应符合下列规定:

1 照明灯应能满足操作和维护照明要求。

2 用于安装或维护操作所需的 220 V 电源插座应能正常

供电。

3 规定的工作电压正常。

B.8.4 应按照国家标准《低压成套开关设备和控制设备 第1部分:总则》GB 7251.1—2013 中第 11.9 节要求对综合设备箱进行介电性能检测,检测结果应符合本标准第 B.7.3 条的要求。

B.8.5 应按照国家标准《低压成套开关设备和控制设备 第1部分:总则》GB 7251.1—2013 中第 J.10.12 条要求对综合设备箱进行电磁兼容性检测,检测结果应符合本标准第 B.7.5 条的要求。

B.8.6 综合设备箱的安全防护性能检查应符合下列规定:

1 用目测和手触及相应工具相结合的方法,对全部连接点逐个进行接地性能检查,确保全部连接点电气连接均可靠。

2 用毫欧表测量接地排连接点与综合设备箱的金属部分,任意两点之间的连接电阻应不大于 $0.1\ \Omega$。

3 按照现行国家标准《低压成套开关设备和控制设备 第1部分:总则》GB 7251.1 中规定进行耐压与绝缘性能试验。

4 按照现行国家标准《外壳防护等级(IP 代码)》GB/T 4208 中规定进行防护试验。

5 按照现行国家标准《液体石油化工产品密度测定法》GB/T 2013 中规定采用试验锤方法检查综合设备箱机械性能。试验应符合下列规定:

    1)碰撞应平均分布在箱体的表面,且在同一部位附近所施加的碰撞不应超过 2 次。具体为:

        • 对前门的外露面冲击 3 次;

        • 对侧门的外露面冲击 3 次;

        • 对侧箱板的外露面冲击 3 次;

        • 对后门的外露面冲击 3 次。

    2)锁、铰链等箱组件不进行此试验。

    3)综合设备箱应像正常使用一样固定在刚性支撑体上。

    4)试验结果应不出现本标准第 B.7.2 条所列缺陷。

B.8.7 综合设备箱进行监控功能试验时,应将测试主机、被测综合设备箱以及相应信道连接成一个测试系统,试验的内容按照表 B.6.4-1～表 B.6.4-4 的配置项目要求进行选择。

B.8.8 综合设备箱出厂检验应符合下列规定:

    1 综合设备箱出厂前均应进行出厂检验,合格后方能出厂。

    2 综合设备箱出厂检验项目应符合表 B.8.8 的规定。

表 B.8.8 综合设备箱出厂检验项目

序号	检查项目	型式检验	出厂检验
1	综合设备箱外观、尺寸及结构	√	√
2	配电单元检查	√	√
3	通电检查	√	√
4	介电性能	√	
5	电磁兼容性	√	
6	接地性能	√	√
7	耐压与绝缘性能	√	
8	防护性能	√	
9	监控功能	√	√

B.8.9 综合设备箱型式检验应符合下列规定:

    1 当综合设备箱有下列情况之一时,应进行型式检验:

        1) 新产品设计定型鉴定时。

        2) 定型产品如有设计、材料或工艺变更,且影响其性能时。

        3) 正式生产后,定期进行周期性(周期不大于 2 年)检测时。

        4) 长期(1 年以上)停产后,再恢复生产时。

        5) 监管单位认为有必要进行的抽样检测时。

        6) 国家质量监督部门指定进行的鉴别性检测时。

    2 型式检验项目应符合表 B.8.8 的规定。

3 所有检测项目均合格,则判型式检验合格;否则,为不合格。

4 判为型式检验不合格的,允许经技术处理消除不合格原因后,重新提交型式检验。

B.8.10 综合设备箱的运输应符合以下规定:

1 应包装运输,包装应防潮、防震、牢固,保证在运输过程中包捆不松动。

2 包装应牢固,在运输中应避免碰撞、跌落、雨雪的直接淋袭和日光暴晒,不应出现有损设备外观及性能的情况。

附录 C 综合电源箱技术要求

C.1 基本组成

C.1.1 综合电源箱主要由进出线配电开关、出线熔断器、电力计量表计、区域控制器 ACU、主箱体、顶盖及附属部件组成。

C.1.2 附属部件包括接地装置门锁等。

C.1.3 综合电源箱生产厂商可根据实际需要开发其他可选配的部件。

C.2 式样和材料

C.2.1 综合电源箱外形及尺寸要求见表 C.2.1 和图 C.2.1。

表 C.2.1 综合电源箱尺寸

高度(H)	宽度(W)	深度(D)
1 250 mm	900 mm	480 mm

C.2.2 综合电源箱的外表面材料采用厚度不小于 1.5 mm 的 S304 不锈钢。

C.2.3 综合电源箱表面喷涂黑色涂料,颜色为 RAL9011(石墨黑哑光)。涂料的近红外光反射比应不小于 0.45,可见光反射比应不小于 0.25,涂层厚度不小于 120 μm。涂层应确保 5 年内失光等级不大于 3 级。箱体内部涂覆层表面应光洁、色泽均匀,且无结瘤、缩孔、起泡、针孔、开裂、剥落、粉化、颗粒、流挂、露底、夹杂脏物等缺陷。

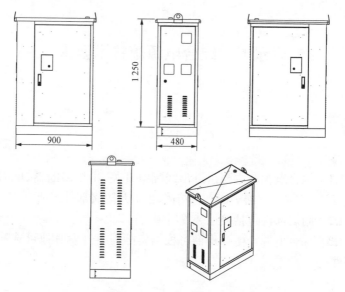

图 C.2.1　综合电源箱(箱体)外形示意图(mm)

C.2.4　综合电源箱焊接、组配、防腐处理等工艺应符合相关标准，无虚焊、毛刺、撕边、搭接不工整等现象。综合电源箱外露和操作部位应光滑、无锋边、无毛刺、无锈蚀。外部边缘宜采用圆角设计。

C.2.5　综合电源箱各个表面的不平整度不大于 3 mm，门板、壁板、隔板平整，无扭曲、变形。箱门采用黑色暗铰链，门缝宽度不大于 5 mm。

C.2.6　综合电源箱标志应齐全、清晰、色泽均匀、耐久可靠。

C.2.7　工程设计单位根据整体环境要求，可采用加装箱装饰罩、基础喷涂、基础包边等措施对综合电源箱进行保护和美化装饰等设计。此情况下，综合电源箱颜色及表面处理工艺应根据设计要求定制。

C.2.8　综合电源箱外壳设计使用寿命应不小于 20 年，主要元器件寿命应符合表 C.2.8 的要求。

表 C.2.8 综合电源箱主要电器部件性能要求

序号	元件	机械寿命(次)	电气寿命(次)
1	总进线塑壳断路器	15 000	3 000
2	电表后隔离开关	8 500	1 500
3	回路塑壳断路器	8 500	1 500
4	道路照明回路控制接触器	5 000 000	500 000
5	道路照明回路输出刀熔开关	1 700	300

C.3 环境要求

C.3.1 综合电源箱在设计上应具备承受上海地区各种气候环境的能力,包括雨、雪、冰雹、风、冰、雷电及不同等级的太阳辐射等。

C.3.2 工作温度范围:$-10\ ℃\sim+44\ ℃$。

C.3.3 相对湿度范围:$5\%\sim95\%$。

C.4 结构配置要求

C.4.1 综合电源箱主箱体基本结构应符合下列规定:

1 箱体采用前后单开门及左侧单开门的方式。

2 箱体的前后门应向外开,采用暗铰链型式,箱门应密封防水,门上设有把手、三角锁和挂锁挂钩,门、锁、把手、铰链、挂锁均应符合相关标准。

3 箱体内应设置独立的接地排,供箱体及箱内所有元件的金属外壳连接,接地排应分别有不少于 2 处(对角处)与接地系统相连的端子,并有明显的接地标志,接地端子所用铜螺栓直径不应小于 M8,铜导体接地截面不应小于 $25\ mm^2$。

4 箱顶应有一定的斜度,箱顶不应有可能积水的沟槽,箱顶宜用夹层结构,具有阻隔阳光辐射热的效果。同时应考虑加装吊环或吊钩等,便于安装和吊运。

　　5　箱体应具备一定的通风散热能力。

　　6　在安装 ACU 设备的区域,箱体顶部宜安装天线,天线外形尺寸及安装尺寸见图 C.4.1。

　　7　箱内各元件采用紧凑型模块结构,分别安装在 B、C 舱的安装板上,安装板与箱体的固定螺孔大小和位置统一,便于事故抢修和更换电器元件。

　　8　提供一个用于放置电源控制箱运行维护记录的插槽,插槽位置为内侧门体上沿下方 500 mm 处,左右对称位置,尺寸为高 280 mm、宽 250 mm、深 30 mm。

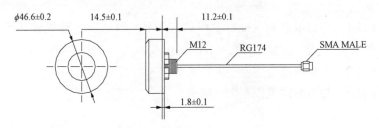

图 C.4.1　ACU 通信设备的天线外形尺寸及安装尺寸(mm)

C.4.2　综合电源箱分 A 舱、B 舱和 C 舱三个舱室,各舱分布见图 C.4.2,并符合下列规定:

　　1　A 舱为电力计量舱,用以安装进线断路器和电力计量表计,对用电设备计量并远程抄表。

　　2　B 舱为道路照明电源控制舱,用以安装道路照明相关进出线配电开关及控制回路,对道路照明进行开关控制操作。

　　3　C 舱为综合设备箱配电舱,用以安装综合设备箱配电回路开关,为道路综合设备箱用电负荷提供电源。

　　4　B 舱和 C 舱空间可相互调整。

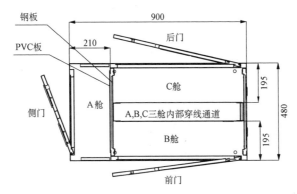

图 C.4.2 综合电源箱分舱示意图(mm)

C.4.3 综合电源箱顶部应配置箱顶盖,用以为主箱体提供遮挡、防护,兼有防雨,隔热等功能。顶盖尺寸比柜体稍大,采用斜面利于雨水的流动,顶盖与箱体采用螺栓连接,便于维护时拆卸,同时应考虑连接可靠性以及防盗等需求,顶盖外形尺寸见图C.4.3。

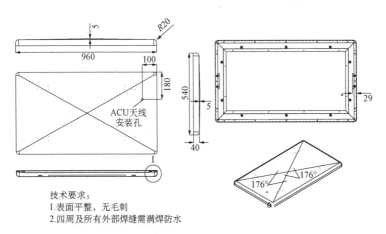

技术要求:
1.表面平整,无毛刺
2.四周及所有外部焊缝需满焊防水

图 C.4.3 综合电源箱顶盖示意图(mm)

C.4.4 综合电源箱必须配置底座,用以承载主箱体、顶盖以及主箱体内各个设备。底座高度 100 mm,应符合安装、线缆进出的操作空间需求,外形尺寸见图 C.4.4-1。底座四周可安装装饰罩,装饰罩外表面和箱体外表面齐平,见图 C.4.4-2。

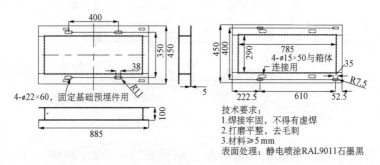

技术要求:
1.焊接牢固,不得有虚焊
2.打磨平整,去毛刺
3.材料≥5 mm
表面处理:静电喷涂RAL9011石墨黑

图 C.4.4-1 综合电源箱(底座)外形示意图(mm)

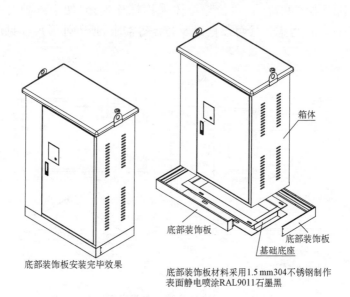

底部装饰板安装完毕效果

底部装饰板材料采用1.5 mm304不锈钢制作
表面静电喷涂RAL9011石墨黑

图 C.4.4-2 综合电源箱底座装饰罩安装示意图

C.5 电气配置要求

C.5.1 综合电源箱一次回路方案见图 C.5.1。图中的 Q1、Q2 整定值由供电部门确定,其他配置要求可根据设计要求调整。

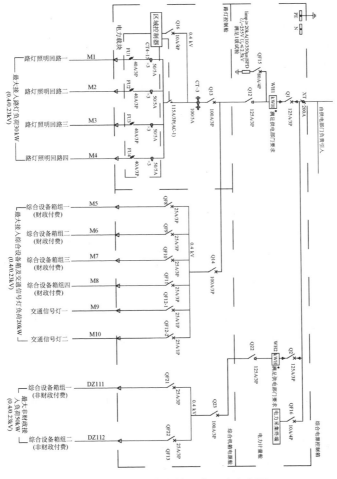

图 C.5.1 综合电源箱一次回路方案图

C.5.2 综合电源箱由电力公司统一供电,供电电压 0.4 kV,供电负荷 100 kW。应在综合电源箱电力计量舱内,按照上海市电力公司的相关要求接入供电电缆,供电电缆接至综合电源箱电力计量舱底部接线端子上。

C.5.3 电力公司提供一路电源进线,在电力计量舱内分为两路独立的电力计量回路,分别计量财政付费(道路照明回路及财政付费综合设备箱回路)用电和非财政付费用电。

C.5.4 综合电源箱出线控制及回路应符合下列规定:

1 综合电源箱内一般应配置 12 个出线回路,其中 4 路道路照明出线回路,4 路财政付费综合机箱电源出线回路,2 路信号灯出线回路及 2 路非财政付费综合机箱电源出线回路。出线回路配置可根据工程项目的实际需求适当调整。

2 道路照明电源控制舱应至少配置 4 路道路照明出线回路。每个出线回路配置一个单独的三相刀熔开关,额定电流 20A。

3 综合电源箱配电舱中的财政付费部分应至少提供 6 路出线。其中 4 个出线回路配置三相断路器,额定电流 25 A;另外 2 个出线回路配置单独的单相断路器,额定电流 25 A。

4 综合电源箱配电舱中的非财政付费部分应至少提供 2 路出线,每个出线回路配置一个单独的三相断路器,额定电流 25 A。

5 道路照明电源控制舱进线回路应安装 100/5 A 电流互感器,出线回路应安装 50/5 A 电流互感器,电流互感器精度等级不低于 0.5 级,二次回路电压线和电流线均不应小于 2.5 mm²。

C.5.5 综合电源箱控制应符合下列规定:

1 在道路照明控制策略的指导下,实现道路照明出线回路的供电。

2 具备手动、自动控制切换功能。

3 自动控制功能应能接受 ACU 的控制管理,综合电源箱至少应包括以下功能:

1）电源进线电压,电流检测。

2）道路照明出线回路电压,电流检测。

3）道路照明出线回路控制。

4）道路照明出线回路状态检测。

5）综合电源箱箱门开关状态检测。

4 具有连接 PLC 的备用接口,满足在 ACU 故障情况下道路照明的正常开启和关闭。

C.6 其他附属配置要求

C.6.1 综合电源箱防雷应符合下列规定:

1 进线侧应配置满足Ⅰ类试验要求的电涌保护器(SPD)。

2 电涌保护器 SPD 在 $10/350~\mu s$ 雷电波形下通流能力不低于 20 kA,持续运行电压 255 V,限制电压不高于 2.5 kV。

3 电涌保护器(SPD)性能指标要求应符合现行国家标准《低压电涌保护器(SPD) 第 1 部分:低压配电系统的电涌保护器性能要求和试验方法》GB 18802.1 的相关规定。

C.6.2 综合电源箱接地应符合下列规定:

1 箱体应设置接地铜排,接地排应具有防腐涂层,其截面积应不小于 50 mm²,并预留至少 10 个连接螺孔和配备对应的螺丝。

2 箱体内设备的保护接地均应接到接地排。

3 箱体的金属部分应相互连接并接到接地排,任意两点电阻不大于 0.1 Ω。

4 综合电源箱及其线路设备应作保护等电位连接,所有接地线不小于 25 mm²。

5 综合电源箱总接地电阻值应不大于 4 Ω。

C.6.3 综合电源箱防护等级应符合下列规定:

1 外壳对内部元器件防护应符合 IP55 等级要求,淋水后不影响电气性能。

2 试样应固定在一个 100 mm 高的水平底座上,试验应在不带电条件下进行,试验时内部元器件应在非工作状态,按照现行国家标准《外壳防护等级(IP 代码)》GB/T 4208 中 IP55 的检测条件及方案进行验证,试验完毕后,试验结果符合现行国家标准《外壳防护等级(IP 代码)》GB/T 4208 中的 IP55 判定条件即认为合格。

3 对综合电源箱箱体外壳(除电表视窗外)应符合 IK10 等级要求。

4 试样应固定在一个 100 mm 高的水平底座上,应按如下要求对试样施加 20 J 的撞击能量:

1) 对前/后门的外露面冲击 3 次。

2) 对侧门的外露面冲击 5 次。

3) 对侧箱板的外露面冲击 5 次。

4) 对顶盖的外露面每个方向各冲击 3 次。

5 碰撞应平均分布在箱体的表面,且在同一部位附近所施加的冲击不超过 2 次,但锁、铰链等附加设施不进行此试验,试验结果应符合现行国家标准《电器设备外壳对外界机械碰撞的防护等级(IK 代码)》GB/T 20138 中 IK10 的要求。

C.6.4 综合电源箱金属外壳应进行环境耐腐蚀性试验,并符合下列规定:

1 按照现行国家标准《电工电子产品环境试验 第 2 部分:试验方法 试验 Db:交变湿热(12 h+12 h 循环)》GB/T 2423.4 中的 Db 进行湿热循环试验。按照严酷程度高温 40 ℃、单个期试验时间 24 h、试验周期 5 d 的试验条件。

2 按照现行国家标准《电工电子产品环境试验 第 2 部分:试验方法 试验 Ka:盐雾》GB/T 2423.17 中的 Ka 进行盐雾试验。按照溶液 pH 值 6.5～7.2、盐溶液浓度 6%、单个周期试验时间 24 h、试验周期 7 d 的试验条件。

3 按照上述第 1 和第 2 款要求进行 2 个周期的循环试验（24 d），试验结束后应无明显锈痕、破裂或不超过现行国际标准《色清和清漆 涂层老化的评价 缺陷的数量和大小以及外观均匀变化程度的标识 第 3 部分：生锈等级的评定》ISO 4628—3 所允许的 Ril 锈蚀等级的其他损坏，机械完整性没有损坏，密封件、门锁、铰链等各类紧固件无异常。

C.6.5 综合电源箱抗紫外线辐射应符合下列规定：

1 户外安装金属外壳外表面具有合成材料喷塑的需进行耐紫外线（UV）辐射的验证试验。

2 根据现行国家标准《塑料实验室光源暴露试验方法 第 2 部分：氙弧灯》GB/T 16422.2 中的方法 A 进行 UV 试验，循环试验周期 500 h，表面合成材料依据现行国际标准《色漆和清漆—划格试验》ISO 2409 应至少保留类别 3。

C.6.6 综合电源箱箱体报警应符合下列规定：

1 对于箱体的门体，应提供门磁开关。

2 门磁开关的出线，可以接至 ACU 设备独立区域的端子排处，并明确标识。

C.6.7 综合电源箱应设置醒目标志，并符合下列规定：

1 铭牌应至少包括型号及名称、制造厂名、出厂编号、生产日期等内容。

2 安装在前门内部，金属铭牌尺寸 120 mm×75 mm。

C.6.8 综合电源箱箱体基础和预埋管应符合本标准第 4.3.4 条的规定。

C.6.9 综合电源箱安装应符合下列规定：

1 综合电源箱吊装示意见图 C.6.9，并符合下列规定：

1）起吊装置正确安装后，起吊能力不应小于 300 kg。

2）起吊装置应可拆卸方式并重复使用，箱体内部应有固定保持位置。

2 综合电源箱采用前后开门方式，安装有道路照明电源控

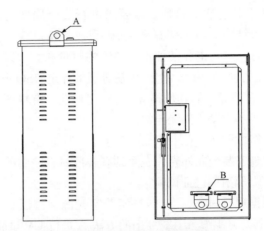

图 C.6.9　综合电源箱吊装置示意图

制开关的一侧定义为前门；安装有 ACU 监控设备和综合机箱配电回路的一侧定义为后门。

    3　综合电源箱内进出线安装应符合下列规定：

        1）综合电源箱内进出线安装应严格按照电工规范执行。

        2）综合电源箱内三相电缆遵循从左到右、ABC、三相排列，并对所有进行导线标记，接线端子上应清晰写明导线名称和含义。

        3）端子排、电缆夹头、电缆走线槽均应由阻燃型材料制造。

        4）箱内应无威胁安全运行的裸露导体，进线、出线侧应无裸露的带电部分。

        5）各相间及相对地绝缘距离应保证电气间隙和爬电距离应能承受规定的介电性能。

    4　ACU 设备安装在综合电源箱后门上半部分，ACU 天线安装在箱体顶部。

C.7 检验、验收和运输要求

C.7.1 综合电源箱现场安装检查应符合下列规定：

1 外观应整洁美观、无损伤或机械形变，封装材料应饱满、牢固、光亮、无流痕、无气泡。

2 外壳应有足够的机械强度，以承受使用或搬运中可能遇到的机械力。

3 安装结构应合理、方便、牢固；结构件经 50 次装卸到位应不变形。

4 卡线结构应有合适的握力，既要保证安装牢固又不能造成电缆(线)损伤。

C.7.2 综合电源箱的测量和试验设备应确保其测量精确度，应与国家标准及本标准要求的测量能力一致，并符合下列规定：

1 综合电源箱应按照现行国家标准《低压成套开关设备和控制设备 第 1 部分：总则》GB 7251.1 进行型式试验。

2 综合电源箱定型或变动时，应按照本标准的要求进行型式试验验证。

3 综合电源箱的例行检验应包括以下内容：

1）外观检验。

2）内部部件安装可靠性及正确性检验。

3）电气回路耐压测试。

4）绝缘电阻测试。

5）接地电阻测试。

6）综合电源箱功能性测试。

附录 D 综合杆设置位置

D.1 路口区域

D.1.1 人行道上综合杆的设置位置如图 D.1.1 所示。

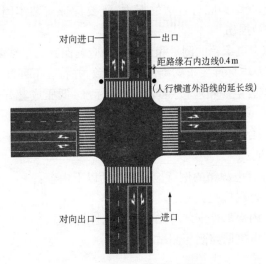

图 D.1.1 综合杆设置位置示例一

D.1.2 机非隔离带中综合杆的设置位置如图 D.1.2 所示。

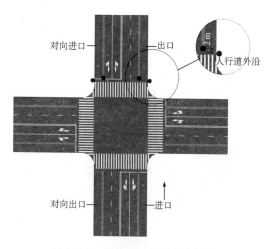

对向进口 出口

人行道外沿

对向出口 进口

图 D.1.2 综合杆设置位置示例二

D.1.3 中央隔离带中综合杆的设置位置如图 D.1.3 所示。

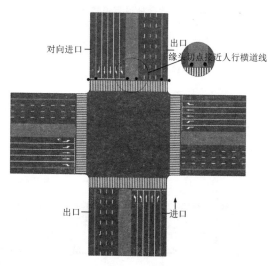

对向进口 出口

缘头切点接近人行横道线

出口 进口

图 D.1.3 综合杆设置位置示例三

D.1.4 路口人行横道中心线合围区域不宜设置综合杆,如图 D.1.4 所示。

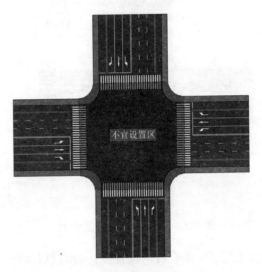

图 D.1.4 综合杆设置位置示例四

D.2 路段区域

D.2.1 采用双侧布置时,综合杆的设置位置如图 D.2.1 所示。

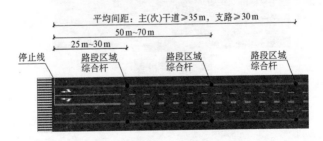

图 D.2.1 综合杆设置位置示例五

D.2.2 采用单侧布置时,综合杆的设置位置如图 D.2.2 所示。

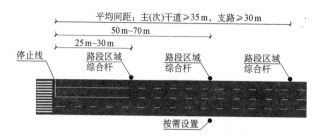

图 D.2.2 综合杆设置位置示例六

D.2.3 采用中心布置时,综合杆的设置位置如图 D.2.3 所示。

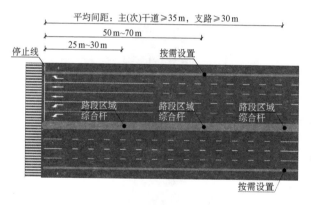

图 D.2.3 综合杆设置位置示例七

D.3 特殊区域

D.3.1 Y 型、T 型路口区域综合杆的设置位置如图 D.3.1 所示。

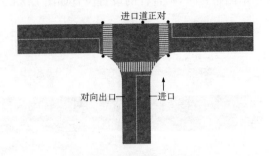

图 D.3.1　综合杆设置位置示例八

D.3.2　立交桥桥跨区域综合杆的设置位置如图 D.3.2 所示。

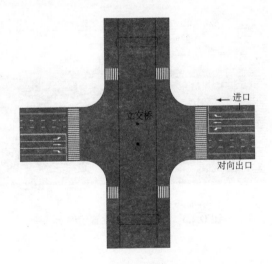

图 D.3.2　综合杆设置位置示例九

D.3.3 环形路口区域综合杆的设置位置如图 D.3.3-1 和图 D.3.3-2 所示。

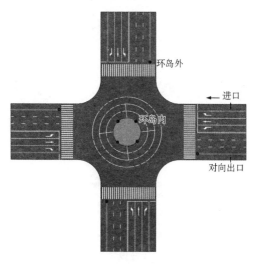

图 D.3.3-1 综合杆设置位置示例十

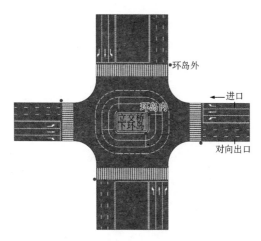

图 D.3.3-2 综合杆设置位置示例十一

D.3.4 导流岛中综合杆的设置位置如图 D.3.4 所示。

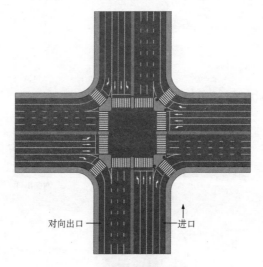

对向出口 ← → 进口

图 D.3.4 综合杆设置位置示例十二

附录 E 典型扩展基础

E.0.1 典型扩展基础类型Ⅰ见图 E.0.1。扩展基础规格为
1 500 mm×1 500 mm×2 200 mm,修正后的地基承载力特征值
不小于 100 kPa,顺向弯矩标准值不超过 20 kN·m;修正后的地
基承载力不小于 150 kPa,顺向弯矩标准值不超过 38 kN·m。

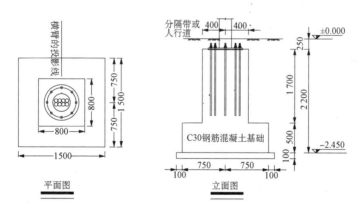

图 E.0.1 典型扩展基础类型Ⅰ示例(mm)

E.0.2 典型扩展基础类型Ⅱ见图 E.0.2。扩展基础规格为
1 500 mm×2 000 mm×2 200 mm,修正后的地基承载力特征值
不小于 100 kPa,顺向弯矩标准值不超过 38 kN·m;修正后的地
基承载力不小于 150 kPa,顺向弯矩标准值不超过 70 kN·m。

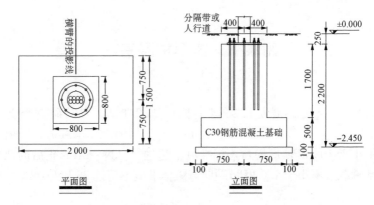

图 E.0.2　典型扩展基础类型Ⅱ示例(mm)

E.0.3　典型扩展基础类型Ⅲ见图 E.0.3。扩展基础规格为 1 500 mm×2 500 mm×2 200 mm,修正后的地基承载力特征值不小于 105 kPa,顺向弯矩标准值不超过 70 kN·m;修正后的地基承载力不小于 150 kPa,顺向弯矩标准值不超过 100 kN·m。

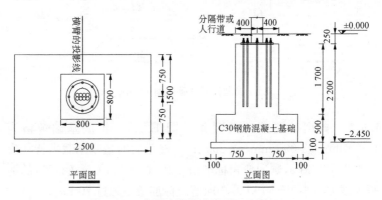

图 E.0.3　典型扩展基础类型Ⅲ示例(mm)

E.0.4　典型扩展基础类型Ⅳ见图 E.0.4。扩展基础规格为 1 500 mm×3 000 mm×2 200 mm,修正后的地基承载力特征值不小于 105 kPa,顺向弯矩标准值不超过 100 kN·m;修正后的地基承载力不小于 150 kPa,顺向弯矩标准值不超过 160 kN·m。

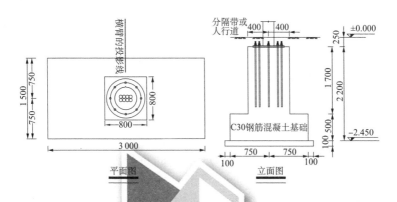

图 E.0.4　典型扩展基础类型 Ⅳ 示例(mm)

E.0.5　典型扩展基础类型 Ⅴ 见图 E.0.5。扩展基础规格为 1 500 mm×4 000 mm×2 200 mm,修正后的地基承载力特征值不小于 105 kPa,顺向弯矩标准值不超过 160 kN·m;修正后的地基承载力不小于 150 kPa,顺向弯矩标准值不超过 295 kN·m。

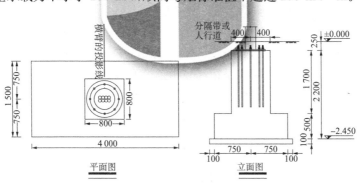

图 E.0.5　典型扩展基础类型 Ⅴ 示例(mm)

附录 F 设计深度要求

F.1 方案设计

F.1.1 综合杆设施工程建设项目或在其他项目中包含的综合杆设施建设子项，均应先行编制建设方案，进行方案设计。建设方案以道路为单位编制，"一路一设计"，方案设计文件应由设计说明、设计图纸以及概算组成；综合杆设施的建设方案设计应符合本标准的相关规定。

F.1.2 在方案设计中，应包含以下设计内容：

1 设计依据、设计要求及主要技术和经济指标。

2 建设环境说明。

3 当前以及未来的综合杆搭载设施需求分析。

4 综合杆实施总体布设方案设计。

5 综合杆设施平面布置设计。

6 综合杆、综合设备箱、综合电源箱的搭载设施的布置设计。

7 综合杆、综合设备箱、综合电源箱的配置设计和基础设计。

8 综合管道设计。

9 电气设计。

10 搭载设施设计。

11 配套设计。

12 工程项目组织设计。

13 环保、绿色与节能。

14 方案设计中应包含的其他设计内容。

F.1.3 设计依据、设计要求及主要技术和经济指标应包含以下内容：

1 与工程设计有关的依据性文件的名称和文号。

2 设计所执行的主要法规和所采用的主要标准。

3 设计基础资料。

4 简述建设单位委托设计的内容和范围。

5 工程规模、项目设计规模等级和设计标准。

6 主要技术指标。

F.1.4 在建设环境说明中应包含以下内容：

1 建设环境说明应充分反映所涉项目所处的建设环境和建设条件，应明确说明项目的建设地点、项目建设所涉道路在区域路网内的位置、道路等级、项目性质（结合道路新建、扩改建项目和其他项目建设还是独立建设）、项目是在建成道路上建设还是新建道路上建设等内容。

2 建设环境说明中应给出按比例绘制的道路平面图，图上应包含所有的交通标线，结合道路平面图对道路特征进行详细分析说明，其中包括道路地下设施、地质条件、地上设施（包括空间）、交通组织、两侧建筑物特性和通道分布、景观特征和要求以及与关联项目之间的关系等。

3 建设环境说明中应专门说明所涉道路与之相交道路的概况，包括该相交道路的综合杆设施或其他立杆的设置情况、公共信息（电力）管道的设置情况、交叉口照明设施的布置情况等。

4 对于建成道路的综合杆设施建设项目，建设环境说明中至少应包含地下管线和构筑物分布现状（包括物探图纸）、地上杆箱分布情况（包括平面分布图）、杆上箱内设施的搭载情况、两侧建筑物的分布情况、道路同步实施的工程建设项目以及工程边界等。

5 对于与新建道路、扩改建道路同步实施的综合杆设施建设子项，建设环境说明中至少应包含相关新建道路或扩改建道路

— 163 —

项目概况、与其他项目的衔接与边界等内容。

F.1.5 在当前以及未来的综合杆搭载设施需求分析中应包含以下内容：

    1 结合建成道路现有杆上设施的分布现状或新建道路同步建设的杆上设施设置要求等，分析综合杆设施的当前搭载需求。

    2 结合相关业务部门的建设规划和业务应用需求，预测5年内的搭载需求。

    3 在搭载需求分析中应落实到具体的搭载点位，提出具体的要求。

    4 提出与其他相交道路的衔接需求，包括交叉口综合杆布设的一体化衔接、管道沟通、区域供配电一体化衔接等；对于建成道路，还应考虑与未合杆设施之间的衔接。

    5 提出景观美化需求。

    6 提出与道路上同期实施项目之间工程实施衔接需求。

F.1.6 在综合杆实施总体布设方案设计中应包含以下内容：

    1 应按照路口、路段以及特殊区域的划分，分别展开总体方案设计。

    2 总体方案设计应以需求分析为导向，结合项目建设环境条件，确定该道路综合杆设施的布设原则、杆上设施和箱内设施的搭载原则等，并对综合杆、箱的布设进行多方案比选，包括综合杆布设、综合设备箱布设、综合电源箱布设以及综合管道的径路选择方案等的比选，最终确定优化方案。

    3 在总体方案中，应按照搭载设施需求和预留要求，合理确定综合杆与综合设备箱之间的配比和关联关系，确定综合设备箱在项目中设置和预留。

    4 在总体方案中，应结合需求提出明确预留要求，按照预留要求确定综合杆基础和部件、综合设备箱和综合电源箱、综合管道、供电容量等的具体技术指标要求，衔接后续相关的专项设计。

F.1.7 综合杆设施平面设计应符合总体方案要求，具体包含以下设计内容：

1 综合杆的平面布置设计，设计方案中应确定综合杆的具体定位，包括预留杆位的定位。

2 综合设备箱的平面布置设计，设计方案中应按照"隐蔽化"布置的原则，确定综合设备箱的具体定位，包括预留综合设备箱的定位。

3 综合电源箱的平面布置设计，设计方案中应按照综合电源箱的供电服务范围，确定综合电源箱的具体定位。

4 综合管道的平面布置设计，设计方案中应结合地下管位规划和综合杆、综合设备箱、综合电源箱的布设位置以及管道联通要求，确定综合管道的径路和手孔定位；对于建成道路，设计方案应处理好与已有地下管线、构筑物之间的保护间距。

5 线缆的平面布置设计设计，设计方案中应包括综合电源箱至各综合设备箱之间的供电线缆的平面布置设计、至综合设备箱的用户接入通信线缆以及综合杆与综合设备箱之间用户配线线缆的平面布置设计。

F.1.8 结合综合杆搭载设施需求分析和综合杆设施的平面布置，综合杆、综合设备箱的搭载设施布置和基础设计应包含以下内容：

1 确定综合杆上所有搭载设施的具体布置，"一杆一设计"，明确有预留需求的，杆上搭载设施布置设计应与预留方案一致。

2 按照综合杆布置设计，确定综合杆样式以及所需部件构成，依据搭载设施的物理参数和搭载布置等确定各综合杆部件的性能参数，并按照本技术规程的要求进行相应的计算。

3 确定综合设备箱内所有搭载设施的具体布置，"一箱一设计"，明确有预留需求的，箱内搭载设施布置设计应与预留方案一致。

4 按照综合设备箱布置设计、搭载设施的特征参数和用电要求等，确定综合设备箱的分舱设计和箱内主要部件的配置要求以及性能指标参数。

    5 按照综合杆、综合设备箱的构成和特征参数以及地质条件,对综合杆、综合设备箱基础进行设计;对于建成道路,杆、箱基础设计方案应处理好与已有地下管线、构筑物之间的保护间距,因地制宜,精细设计。

F.1.9 在综合管道平面布置设计的基础上,综合管道设计还应包含以下内容:

    1 管材类型选择、管材性能参数选定以及管道敷设设计。

    2 子管敷设设计。

    3 手孔设计。

    4 手孔与杆、箱基础的管道连接设计。

F.1.10 结合综合杆、综合设备箱的设置和搭载设施的用电需求,电气设计应包含以下内容:

    1 综合杆设施的配电系统设计;如有非财政用户搭载设施的设置,还应进行非财政用户的配电系统设计。

    2 结合配电设计进行综合电源箱的配置设计,确定综合电源箱的构成、配置和主要部件的性能参数。

    3 按照配电系统设计,确定配电线缆的规格参数,进行配电线缆的敷设设计。

    4 综合杆、综合设备箱的供电终端连接方案设计。

    5 防雷接地设计,包括接地系统设计、接地体设置和连接设计、杆箱接地终端设计和接入设计等。

    6 防雷设计。

F.1.11 综合杆、综合设备箱、综合电源箱的搭载设施设计应包含以下内容:

    1 按照项目中设计的不同搭载设施类型,分类型按照相关的技术标准,进行搭载设施的系统设计。

    2 对于建成道路设计搭载设施迁移的,结合业务保障需求进行迁移过渡方案设计。

3 综合杆、综合设备箱、综合电源箱的搭载设施安装设计，提出不同类型搭载设备的安装方案，包括安装连接件设计、主要设备安装工艺设计以及综合杆搭载设施的防坠落设计。

4 综合杆、综合设备箱、综合电源箱的搭载设施的线缆连接以及杆、箱之间的线缆布设设计。

5 综合杆、综合设备箱、综合电源箱的搭载设施的供电、防雷接地设计。

6 综合杆、综合设备箱、综合电源箱的搭载设施之间的衔接和防干扰设计。

F.1.12 在建成道路的综合杆设施建设项目的配套设计应包含以下内容：

1 结合景观需求进行景观协调设计，除提出对综合杆设施的专门景观要求之外，还应对相应的市政设施提出景观改造的要求。

2 合杆后废弃杆件、地下基础和管道、线缆的拆除方案设计。

3 道路修复方案设计。

4 绿化修复方案设计。

F.1.13 方案设计阶段的图纸应包含以下内容：

1 工程范围道路平面图（对于建成道路，应分别给出地下管线、构筑物平台分布图，地上杆箱分布图等）。

2 综合杆设施平面布置图，包括综合杆、综合设备箱、综合电源箱平面布置图以及综合管道径路图、线缆敷设径路图等。

3 综合杆杆上搭载设施布置图。

4 综合杆式样和部件组成图。

5 标准部件大样图、技术规格图。

6 综合杆基础图。

7 综合杆安装图。

8 综合杆搭载连接件构成图。

9 综合设备箱系统组成图。

10 综合设备箱箱体大样图。

11 综合设备箱箱内部件布置图。

12 综合设备箱箱内搭载设施布置图。

13 综合设备箱基础图和箱体安装图。

14 综合电源箱系统组成图。

15 综合电源箱箱体大样图。

16 综合电源箱箱内部件布置图。

17 综合电源箱基础图和箱体安装图。

18 综合杆设施配电系统图。

19 照明设施配电系统图。

20 配电线缆连接系统图和终端接续工艺图。

21 接地系统图。

22 接地装置大样图、连接和埋设工艺图。

23 综合杆、综合设备箱、综合电源箱内接地终端大样图。

24 综合杆、综合设备箱、综合电源箱内接地终端大样图。

25 综合杆以及杆上搭载设施接地系统图。

26 综合设备箱、综合电源箱以及箱内搭载设施接地系统图。

27 综合管道敷设横断面图。

28 手孔图(包括井盖大样图)。

29 搭载设施图纸,按照搭载设施的分类进行编制。

30 配套设计图纸。

31 主要工程量表。

32 主要设备和材料表。

F.1.14 概算文件应包含主要设备、主要辅材、主要工程内容的经济指标。

F.2 施工图设计

F.2.1 施工图设计文件由各专业施工图设计图纸、施工图预算（按需）、各专业计算书等组成。施工图设计文件可按专业成册，各专业施工图设计图纸由设计说明、施工图组成。

F.2.2 施工图设计是通过方案设计评审和在招标确定主要设备和材料的基础上进行，完成的施工图设计图纸直接用于指导施工作业。

F.2.3 施工图设计说明应包含以下内容：

    1 工程概况，应介绍工程项目实施地点、道路概况、实施项目概况、同步实施的相关工程概况以及施工图册的分专业构成等。

    2 设计依据和使用的标准规范。

    3 设计范围和主要设计内容。

    4 设计界面。

    5 工程条件概述，对于建成道路独立实施的建设项目，重点介绍道路现有地上、地下设施概况和难点分析；对于与道路新建、扩改建以及其他市政工程同步实施的项目（子项），重点介绍与其他项目内容之间的施工边界、衔接和配合。

    6 总体方案设计，对接方案设计中的总体方案，并对专家评审意见以及变动内容进行说明，同时对本项目中主要设备和材料的选用进行说明。

    7 专业设计说明。

    8 施工要求。

    9 节能和环保要求。

F.2.4 各专业的施工图应涵盖方案设计阶段的图纸内容，并在此基础上深化。各专业施工图深化重点应满足以下要求：

    1 结合各种环境因素，在平面图上精准定位综合杆、箱、手孔以及管道径路;在建成道路上进行定位时,应结合已有地下管道和构筑物、地上树木设施以及出入口等的实际位置,精准定位。

2 在管道和杆箱基础设计中,应确保管道和杆箱基础与地下管线和构筑物之间的保护间距;管道和杆箱基础应结合地下管线和构筑物的具体分布出具施工详图,并应在设计图上落实对已有地下管线以及构筑物的保护措施。

3 在确定综合杆部件产品的基础上,按照选定标准产品的参数验算综合杆的承载能力,并编制综合杆装配图。

4 应按照搭载设施的系统组成和连接要求,在设计图上落实综合杆杆上搭载设施与综合设备箱箱内搭载设施之间的线缆径路、线缆标识、所用管道和杆箱内分舱标号、终端接线要求等内容。

5 综合杆安装图应细化明确安装所使用的螺母等材料以及安装工艺要求,对于建成道路的综合杆安装,应结合具体综合杆的环境条件确定安装工艺工序,确保安全。

6 在施工图阶段,应针对每一个搭载设施的安装条件确定安装方案,包括细化安装连接件的详图设计以及计算,有防坠落要求的,应结合连接件设计和搭载设施的安装设计,出具防坠落装置的制作工艺详图和施工详图。

7 应给出综合杆主杆舱内应给出以下设施的安装、接线详图:

    1) 用于照明供电线缆、杆上设施供电线缆终接或环接的接线盒的安装、接线详图。

    2) 综合杆接地终端的安装、连接详图。

    3) 照明控制、通信终端的安装、接线详图。

    4) 杆上搭载设施相关线缆的布设详图(含垂直布设线缆的固定方式)。

8 在综合设备箱、综合电源箱的施工图设计中,应结合具体产品选型和方案设计中的配置要求,针对搭载设施的分布进行细

化验算,出具反映每个综合设备箱、综合电源箱实际配置的系统图,具体如下:

    1)综合设备箱管理系统图。

    2)综合设备箱连接干线图。

    3)综合设备箱电源系统图。

    4)综合设备箱接地系统图。

    5)综合电源箱连接干线图。

    6)综合电源箱 ACU 系统图。

    7)综合电源箱照明和综合杆设施配电系统图。

    8)综合电源箱接地系统图。

  9 在综合设备箱用户舱进行分舱设计的基础上,对每个用户分舱,应出具以下设计图:

    1)用户舱内设备布置图。

    2)用户舱内设备安装图,如有连接支架的,应出具连接支架详图和安装图。

    3)用户舱内设备连线图、布线图。

    4)综合设备箱内搭载设施布线图。

  10 综合设备箱、综合电源箱如有外装饰要求的,应出具箱体装饰施工图,包括装饰方案、装饰图案、装饰结构件以及施工工艺要求等。

附录G 设备设施编码要求

G.0.1 综合杆编码应符合下列规定：

1 综合杆类型通过编码数量＋回路编号识别。

2 综合杆的位置信息通过与综合电源箱相对位置、回路编号及序号体现。

3 综合杆编码规则中不加入综合设备箱关系信息。

4 编码方案和示例见图G.0.1。

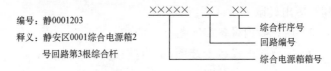

编号：静0001203

释义：静安区0001综合电源箱2号回路第3根综合杆

综合杆序号

回路编号

综合电源箱箱号

图 G.0.1 综合杆编码规则

G.0.2 综合设备箱编码应符合下列规定：

1 综合设备箱类型通过编码数量＋回路编号识别。

2 综合设备箱的位置信息通过与综合电源箱相对位置、回路编号及序号体现。

3 综合设备箱编码规则中不加入综合杆关系信息。

4 综合设备箱内各舱室与综合杆上搭载设施的关系信息通过制作综合设备箱舱室配置表(见表G.0.2)完成。

表 G.0.2 综合设备箱舱室配置表(示例)

序号	舱室	权属单位	覆盖杆件	设施清单
1	1#用户舱	静安分局	静 0001103/静 0001105	稳压器、光纤收发器、工业电源
2	2#用户舱	预留		
3	3#用户舱	预留		

5   编码方案和示例见图 G.0.2。

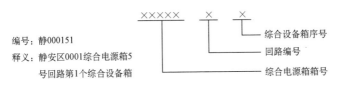

编号：静000151
释义：静安区0001综合电源箱5
号回路第1个综合设备箱

- 综合设备箱序号
- 回路编号
- 综合电源箱箱号

图 G.0.2   综合设备箱编码规则

G.0.3   综合电源箱编码应符合下列规定：

1   综合电源箱类型通过编码数量识别。

2   综合电源箱编号应体现综合电源箱设置所属行政区。本市各行政区代号配置见表 G.0.3-1。

表 G.0.3-1   本市各行政区代号配置表

序号	区域	行政区代号	序号	区域	行政区代号
一	市管		二	区管	
1	黄浦	黄	1	宝山	宝
2	徐汇	徐	2	嘉定	嘉
3	长宁	长	3	浦东	浦
4	静安	静	4	金山	金
5	普陀	普	5	松江	松
6	虹口	虹	6	青浦	青
7	杨浦	杨	7	奉贤	奉
8	闵行	闵	8	崇明	崇

3   综合电源箱内各回路与综合杆上搭载设施的关系应符合表 G.0.3-2 的规定。

表 G.0.3-2   综合电源箱回路配置表(示例)

序号	回路编号	回路简称	覆盖设施
1	1#道路照明回路	照1	静 0001101～静 0001111
2	2#道路照明回路	照2	静 0001201～静 0001211

序号	回路编号	回路简称	覆盖设施
3	3# 道路照明回路	照 3	预留
4	4# 道路照明回路	照 4	预留
5	1# 综合设备箱回路	箱 1	静 000151～静 000154
6	2# 综合设备箱回路	箱 2	静 000161～静 000164
7	3# 综合设备箱回路	箱 3	预留
8	4# 综合设备箱回路	箱 4	预留
9	1# 其他机箱回路	信 1	信××/××
10	2# 其他机箱回路	信 2	预留
11	预留回路		预留
12	预留回路		预留

4 编码方案和示例见图 G.0.3。

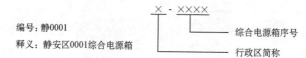

编号：静 0001
释义：静安区 0001 综合电源箱

图 G.0.3　综合电源箱编码规则

G.0.4 手孔编码应符合下列规定：

1 手孔类型通过在综合杆/综合设备箱/综合电源箱编码中增加后缀识别。

2 手孔位置信息通过与综合杆/综合设备箱/综合电源箱的对应关系确定。

3 编码方案和示例见图 G.0.4-1～图 G.0.4-3。

编号：静 0001110-J1
释义：综合杆静 0001110 预埋管连接
　　　的手孔编号

图 G.0.4-1　与综合杆连接手孔编码规则

编号：静000151-J1

释义：综合设备箱静000151-J1预埋管
连接的手孔编号

图 G.0.4-2　与综合设备箱连接手孔编码规则

编号：静0001-J1

释义：综合电源箱静0001-J1预埋管
连接的手孔编号

图 G.0.4-3　与综合电源箱连接手孔编码规则

G.0.5　线缆编码应符合下列规定：

1　线缆类型通过增加回路简称（见表 G.0.3-1 和表 G.0.3-2）识别。

2　线缆的位置信息通过与综合电源箱相对位置、回路编号和序号体现。

3　编码方案和示例见图 G.0.5。

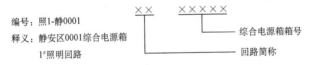

编号：照1-静0001

释义：静安区0001综合电源箱
1#照明回路

图 G.0.5　线缆编码规则

附录 H 项目验收基础设施信息采集要求

H.1 单位工程信息

H.1.1 单位工程信息采集内容及要求见表 H.1.1。

表 H.1.1 单位工程信息采集表

序号	信息类别	信息名称	采集时间	采集单位	校对单位
1	工程信息	所属工程	施工阶段	施工单位	监理单位
2		工程立项时间	施工阶段	施工单位	监理单位
3		所属标段	施工阶段	施工单位	监理单位
4	单项工程信息	单项工程名称	施工阶段	施工单位	监理单位
5		所属行政区	施工阶段	施工单位	监理单位
6	单位工程信息	单位工程名称	施工阶段	施工单位	监理单位
7		道路性质	施工阶段	施工单位	监理单位
8		长度(km)	施工阶段	施工单位	监理单位
9		道路名称	施工阶段	施工单位	监理单位
10		道路起点	施工阶段	施工单位	监理单位
11		道路终点	施工阶段	施工单位	监理单位
12	相关单位信息	建设单位名称	施工阶段	施工单位	监理单位
13		建设单位联系人	施工阶段	施工单位	监理单位
14		建设单位联系电话	施工阶段	施工单位	监理单位
15		监理单位名称	施工阶段	施工单位	监理单位
16		监理单位联系人	施工阶段	施工单位	监理单位
17		监理单位联系电话	施工阶段	施工单位	监理单位

序号	信息类别	信息名称	采集时间	采集单位	校对单位
18	相关单位信息	总包单位名称	施工阶段	施工单位	监理单位
19		总包单位联系人	施工阶段	施工单位	监理单位
20		总包单位联系电话	施工阶段	施工单位	监理单位
21		设计单位名称	施工阶段	施工单位	监理单位
22		设计单位联系人	施工阶段	施工单位	监理单位
23		设计单位联系电话	施工阶段	施工单位	监理单位
24		施工单位名称	施工阶段	施工单位	监理单位
25		施工单位联系人	施工阶段	施工单位	监理单位
26		施工单位联系电话	施工阶段	施工单位	监理单位
27	项目计划	计划开工时间	施工阶段	施工单位	监理单位
28		计划竣工时间	施工阶段	施工单位	监理单位
29		实际开工时间	施工阶段	施工单位	监理单位
30		实际竣工时间	施工阶段	施工单位	监理单位

H.2 综合杆信息

H.2.1 综合杆信息采集内容及要求见表 H.2.1。

表 H.2.1 综合杆信息采集表

序号	信息类别	信息名称	采集时间	采集单位	校对单位
1	基本信息	综合杆编号	施工阶段	施工单位	监理单位
2		综合杆杆型	施工阶段	施工单位	监理单位
3	地理位置及安装信息	行政区	施工阶段	施工单位	监理单位
4		所属道路名称	施工阶段	施工单位	监理单位
5		所在路段起点	施工阶段	施工单位	监理单位
6		所在路段终点	施工阶段	施工单位	监理单位
7		城建坐标 X	施工阶段	施工单位	监理单位

续表 H.2.1

序号	信息类别	信息名称	采集时间	采集单位	校对单位
8	地理位置及安装信息	城建坐标 Y	施工阶段	施工单位	监理单位
9		安装地点	施工阶段	施工单位	监理单位
10		安装日期	施工阶段	施工单位	监理单位
11	供电信息	所属综合电源箱出线电缆编号	施工阶段	施工单位	监理单位
12		上一节点设施类型	施工阶段	施工单位	监理单位
13		上一节点设施编号	施工阶段	施工单位	监理单位
14	基础信息	基础类型	施工阶段	施工单位	监理单位
15		基础规格	施工阶段	施工单位	监理单位
16		地脚螺栓规格	施工阶段	施工单位	监理单位
17	检查井	检查井布设方式	施工阶段	施工单位	监理单位
18	管理信息	管理单位类别	施工阶段	施工单位	设计单位

H.2.2 综合杆部件信息采集内容及要求见表 H.2.2。

表 H.2.2 综合杆部件信息采集表

序号	信息类别	信息名称	采集时间	采集单位	校对单位
1	基本信息	综合杆编号	施工阶段	施工单位	监理单位
2		部件类型	施工阶段	施工单位	监理单位
3		部件型号	施工阶段	施工单位	监理单位
4		部件编号	施工阶段	施工单位	监理单位
5	安装信息	安装高度(mm)	施工阶段	施工单位	监理单位
6		安装水平角度(°)	施工阶段	施工单位	监理单位
7		安装垂直夹角(°)	施工阶段	施工单位	监理单位

H.2.3 综合杆部件型号信息采集内容及要求见表 H.2.3。

表 H.2.3 综合杆部件型号信息采集表

序号	信息类别	信息名称	采集时间	采集单位	校对单位
1	基本信息	部件类型	施工阶段	施工单位	监理单位
2		部件型号	施工阶段	施工单位	监理单位
3		生产厂家	施工阶段	施工单位	监理单位
4	特征信息	杆内舱位数	施工阶段	施工单位	监理单位
5		材质	施工阶段	施工单位	监理单位
6		壁厚(mm)	施工阶段	施工单位	监理单位
7		颜色	施工阶段	施工单位	监理单位
8	规格信息	部件规格	施工阶段	施工单位	监理单位
9		长度(mm)	施工阶段	施工单位	监理单位
10		形状	施工阶段	施工单位	监理单位
11		上口径(mm)	施工阶段	施工单位	监理单位
12		下口径(mm)	施工阶段	施工单位	监理单位
13		弯矩(kN·m)	施工阶段	施工单位	监理单位
14		扭矩(kN·m)	施工阶段	施工单位	监理单位

H.3 综合设备箱信息

H.3.1 综合设备箱信息采集内容及要求见表 H.3.1。

表 H.3.1 综合设备箱信息采集表

序号	信息类别	信息名称	采集时间	采集单位	校对单位
1	基本信息	综合设备箱编号	施工阶段	施工单位	监理单位
2		综合设备箱型号	施工阶段	施工单位	监理单位
3		综合设备箱舱实际舱位数	施工阶段	施工单位	监理单位
4	地理位置及安装信息	行政区	施工阶段	施工单位	监理单位
5		所属道路	施工阶段	施工单位	监理单位

序号	信息类别	信息名称	采集时间	采集单位	校对单位
6		所在路段起点	施工阶段	施工单位	监理单位
7		所在路段终点	施工阶段	施工单位	监理单位
8	地理位置及安装信息	城建坐标 X	施工阶段	施工单位	监理单位
9		城建坐标 Y	施工阶段	施工单位	监理单位
10		安装地点	施工阶段	施工单位	监理单位
11		安装日期	施工阶段	施工单位	监理单位
12		所属综合电源箱编号	施工阶段	施工单位	监理单位
13		所属综合电源箱出线电缆编号	施工阶段	施工单位	监理单位
14	供电信息	上一节点设施类型	施工阶段	施工单位	监理单位
15		上一节点设施编号	施工阶段	施工单位	监理单位
16		使用相位	施工阶段	施工单位	监理单位
17	基础信息	基础规格	施工阶段	施工单位	监理单位
18	检查井	检查井布设方式	施工阶段	施工单位	监理单位
19	管理信息	管理单位类别	施工阶段	施工单位	设计单位

H.3.2 综合设备箱用户舱信息采集内容及要求见表 H.3.2。

表 H.3.2　综合设备箱用户舱信息采集表

序号	信息类别	信息名称	采集时间	采集单位	校对单位
1	基本信息	综合设备箱编号	施工阶段	施工单位	监理单位
2		用户舱舱位编号	施工阶段	施工单位	监理单位
3		高度(mm)	施工阶段	施工单位	监理单位
4	特征信息	供电电压(V)	施工阶段	施工单位	监理单位
5		额定功率(W)	施工阶段	施工单位	监理单位
6		权属单位行业类型	施工阶段	施工单位	监理单位
7	使用信息	权属单位名称	施工阶段	施工单位	监理单位
8		安装日期	施工阶段	施工单位	监理单位

H.3.3 综合设备箱监控终端信息采集内容及要求见表 H.3.3。

表 H.3.3 综合设备箱监控终端信息采集表

序号	信息类别	信息名称	采集时间	采集单位	校对单位
1	基本信息	综合设备箱编号	施工阶段	施工单位	监理单位
2		生产厂家	施工阶段	施工单位	监理单位
3		综合设备箱监控终端型号	施工阶段	施工单位	监理单位
4	特征信息	出厂编号	施工阶段	施工单位	监理单位
5		硬件版本号	施工阶段	施工单位	监理单位
6		软件版本号	施工阶段	施工单位	监理单位
7		SIM 卡号	施工阶段	施工单位	监理单位
8		安装日期	施工阶段	施工单位	监理单位

H.3.4 综合设备箱电子锁信息采集内容及要求见表 H.3.4。

表 H.3.4 综合设备箱电子锁信息采集表

序号	信息类别	信息名称	采集时间	采集单位	校对单位
1	基本信息	综合设备箱编号	施工阶段	施工单位	监理单位
2		电子锁设备号	施工阶段	施工单位	监理单位
3		电子锁型号	施工阶段	施工单位	监理单位
4		安装位置	施工阶段	施工单位	监理单位
5	特征信息	出厂编号	施工阶段	施工单位	监理单位
6		硬件版本号	施工阶段	施工单位	监理单位
7		软件版本号	施工阶段	施工单位	监理单位

H.3.5 综合设备箱电子钥匙信息采集内容及要求见表 H.3.5。

表 H.3.5 综合设备箱电子钥匙信息采集表

序号	信息类别	信息名称	采集时间	采集单位	校对单位
1	基本信息	钥匙设备号	施工阶段	施工单位	监理单位
2		钥匙型号	施工阶段	施工单位	监理单位

续表H.3.5

序号	信息类别	信息名称	采集时间	采集单位	校对单位
3	特征信息	出厂编号	施工阶段	施工单位	监理单位
4		硬件版本号	施工阶段	施工单位	监理单位
5		软件版本号	施工阶段	施工单位	监理单位

H.3.6 综合设备箱型号信息采集内容及要求见表 H.3.6。

表 H.3.6 综合设备箱型号信息采集表

序号	信息类别	信息名称	采集时间	采集单位	校对单位
1	基本信息	综合设备箱型号名称	施工阶段	施工单位	监理单位
2		生产厂家	施工阶段	施工单位	监理单位
3	特征信息	长度(mm)	施工阶段	施工单位	监理单位
4		宽度(mm)	施工阶段	施工单位	监理单位
5		高度(mm)	施工阶段	施工单位	监理单位
6		颜色	施工阶段	施工单位	监理单位
7		用户舱舱位数	施工阶段	施工单位	监理单位
8		额定功率(W)	施工阶段	施工单位	监理单位
9		设备寿命(年)	施工阶段	施工单位	监理单位

H.3.7 综合设备箱电子锁型号信息采集内容及要求见表 H.3.7。

表 H.3.7 综合设备箱电子锁型号信息采集表

序号	信息类别	信息名称	采集时间	采集单位	校对单位
1	基本信息	电子锁型号名称	施工阶段	施工单位	监理单位
2		生产厂家	施工阶段	施工单位	监理单位

H.3.8 综合设备箱电子钥匙型号信息采集内容及要求见表 H.3.8。

表 H.3.8 综合设备箱电子钥匙型号信息采集表

序号	信息类别	信息名称	采集时间	采集单位	校对单位
1	基本信息	电子钥匙型号名称	施工阶段	施工单位	监理单位
2		生产厂家	施工阶段	施工单位	监理单位

H.4 综合电源箱信息

H.4.1 综合电源箱信息采集内容及要求见表 H.4.1。

表 H.4.1 综合电源箱信息采集表

序号	信息类别	信息名称	采集时间	采集单位	校对单位
1	基本信息	综合电源箱编号	施工阶段	施工单位	监理单位
2		综合电源箱型号	施工阶段	施工单位	监理单位
3	地理位置及安装信息	行政区	施工阶段	施工单位	监理单位
4		所属道路	施工阶段	施工单位	监理单位
5		所在路段起点	施工阶段	施工单位	监理单位
6		所在路段终点	施工阶段	施工单位	监理单位
7		城建坐标 X	施工阶段	施工单位	监理单位
8		城建坐标 Y	施工阶段	施工单位	监理单位
9		安装类型	施工阶段	施工单位	监理单位
10		安装地点	施工阶段	施工单位	监理单位
11		安装日期	施工阶段	施工单位	监理单位
12	供电信息	所属供电公司	施工阶段	施工单位	监理单位
13	照明监控	控制范围	施工阶段	施工单位	监理单位
14		监控方式	施工阶段	施工单位	监理单位
15		控制路段	施工阶段	施工单位	监理单位
16	基础信息	基础规格	施工阶段	施工单位	监理单位
17	检查井	检查井布设方式	施工阶段	施工单位	监理单位
18	管理信息	管理单位类别	施工阶段	施工单位	设计单位

H.4.2 综合电源箱进线信息采集内容及要求见表 H.4.2。

表 H.4.2　综合电源箱进线信息采集表

序号	信息类别	信息名称	采集时间	采集单位	校对单位
1	基本信息	综合电源箱编号	施工阶段	施工单位	监理单位
2	供电信息	上级电源类型	施工阶段	施工单位	监理单位
3		上级电源名称	施工阶段	施工单位	监理单位
4		相位	施工阶段	施工单位	监理单位
5		进线类型	施工阶段	施工单位	监理单位
6		电表户号	施工阶段	施工单位	监理单位
7		电表户名	施工阶段	施工单位	监理单位
8		表计号	施工阶段	施工单位	监理单位
9		申请容量(kW)	施工阶段	施工单位	监理单位

H.4.3 综合电源箱出线信息采集内容及要求见表 H.4.3。

表 H.4.3　综合电源箱出线信息采集表

序号	信息类别	信息名称	采集时间	采集单位	校对单位
1	基本信息	综合电源箱编号	施工阶段	施工单位	监理单位
2		综合电源箱出线电缆编号	施工阶段	施工单位	监理单位
3	配电信息	出线类型	施工阶段	施工单位	监理单位
4		线缆规格	施工阶段	施工单位	监理单位
5		出线电缆长度(m)	施工阶段	施工单位	监理单位
6		供电容量(kW)	施工阶段	施工单位	监理单位

H.4.4 综合电源箱型号信息采集内容及要求见表 H.4.4。

表 H.4.4　综合电源箱型号信息采集表

序号	信息类别	信息名称	采集时间	采集单位	校对单位
1	基本信息	综合电源箱型号名称	施工阶段	施工单位	监理单位
2		生产厂家	施工阶段	施工单位	监理单位

续表H.4.4

序号	信息类别	信息名称	采集时间	采集单位	校对单位
3	特征信息	长度(mm)	施工阶段	施工单位	监理单位
4		宽度(mm)	施工阶段	施工单位	监理单位
5		高度(mm)	施工阶段	施工单位	监理单位
6		颜色	施工阶段	施工单位	监理单位
7		进线数	施工阶段	施工单位	监理单位
8		出线数	施工阶段	施工单位	监理单位
9		额定容量(W)	施工阶段	施工单位	监理单位
10		设备寿命(年)	施工阶段	施工单位	监理单位

H.5 综合管道信息

H.5.1 管线信息采集内容及要求见表 H.5.1。

表 H.5.1 管线信息采集表

序号	信息类别	信息名称	采集时间	采集单位	校对单位
1	基本信息	管线段编号	施工阶段	施工单位	监理单位
2		起点井编号	施工阶段	施工单位	监理单位
3		终点井编号	施工阶段	施工单位	监理单位
4	特征信息	起点管顶高程(m)	施工阶段	施工单位	监理单位
5		起点管顶埋深(m)	施工阶段	施工单位	监理单位
6		起点地面高程(m)	施工阶段	施工单位	监理单位
7		终点管顶高程(m)	施工阶段	施工单位	监理单位
8		终点管顶埋深(m)	施工阶段	施工单位	监理单位
9		终点地面高程(m)	施工阶段	施工单位	监理单位
10		主管孔数	施工阶段	施工单位	监理单位
11		子管孔数	施工阶段	施工单位	监理单位
12		管道排列制式	施工阶段	施工单位	监理单位
13		安装日期	施工阶段	施工单位	监理单位

H.5.2 管道信息采集内容及要求见表 H.5.2。

表 H.5.2 管道信息采集表

序号	信息类别	信息名称	采集时间	采集单位	校对单位
1	基本信息	管线段编号	施工阶段	施工单位	监理单位
2		管道编号	施工阶段	施工单位	监理单位
3	特征信息	管道类型	施工阶段	施工单位	监理单位
4		管道材质	施工阶段	施工单位	监理单位
5		管道颜色	施工阶段	施工单位	监理单位
6		管道直径(mm)	施工阶段	施工单位	监理单位
7		管道长度(m)	施工阶段	施工单位	监理单位
8	使用信息	管道占用情况	施工阶段	施工单位	监理单位
9	安装信息	安装日期	施工阶段	施工单位	监理单位

H.5.3 手孔及井盖信息采集内容及要求见表 H.5.3。

表 H.5.3 手孔及井盖信息采集表

序号	信息类别	信息名称	采集时间	采集单位	校对单位
1	基本信息	检查井编号	施工阶段	施工单位	监理单位
2		所属设施类型	施工阶段	施工单位	监理单位
3		所属设施编号	施工阶段	施工单位	监理单位
4	特征信息	检查井类型	施工阶段	施工单位	监理单位
5		检查井规格	施工阶段	施工单位	监理单位
6		是否为隐藏井	施工阶段	施工单位	监理单位
7	地理位置及安装信息	行政区	施工阶段	施工单位	监理单位
8		所属道路	施工阶段	施工单位	监理单位
9		所在路段起点	施工阶段	施工单位	监理单位
10		所在路段终点	施工阶段	施工单位	监理单位
11		城建坐标 X	施工阶段	施工单位	监理单位
12		城建坐标 Y	施工阶段	施工单位	监理单位

续表H.5.3

序号	信息类别	信息名称	采集时间	采集单位	校对单位
13	地理位置及安装信息	安装地点	施工阶段	施工单位	监理单位
14		安装日期	施工阶段	施工单位	监理单位
15	井盖信息	井盖型号	施工阶段	施工单位	监理单位
16		井盖安装时间	施工阶段	施工单位	监理单位

H.5.4 井盖型号信息采集内容及要求见表 H.5.4。

表 H.5.4　井盖型号信息采集表

序号	信息类别	信息名称	采集时间	采集单位	校对单位
1	基本信息	井盖型号名称	施工阶段	施工单位	监理单位
2		生产厂家	施工阶段	施工单位	监理单位
3	特征信息	井盖形状	施工阶段	施工单位	监理单位
4		井盖材质	施工阶段	施工单位	监理单位
5		长（mm）	施工阶段	施工单位	监理单位
6		宽（mm）	施工阶段	施工单位	监理单位
7		直径（mm）	施工阶段	施工单位	监理单位
8		是否承压井盖	施工阶段	施工单位	监理单位
9		井盖使用寿命（年）	施工阶段	施工单位	监理单位
10		边框使用寿命（年）	施工阶段	施工单位	监理单位

H.5.5 管道中线缆信息采集内容及要求见表 H.5.5。

表 H.5.5　管道中线缆信息采集表

序号	信息类别	信息名称	采集时间	采集单位	校对单位
1	基本信息	管线段编号	施工阶段	施工单位	监理单位
2		管道编号	施工阶段	施工单位	监理单位
3		线缆编号	施工阶段	施工单位权属单位	监理单位
4	特征信息	线缆权属类别	施工阶段	施工单位权属单位	监理单位
5	安装信息	安装日期	施工阶段	施工单位	监理单位

— 187 —

H.6 道路照明监控信息

H.6.1 ACU 信息采集内容及要求见表 H.6.1。

表 H.6.1　ACU 采集信息表

序号	信息类别	信息名称	采集时间	采集单位	校对单位
1	基本信息	ACU 编号	施工阶段	施工单位	监理单位
2		所属综合电源箱编号	施工阶段	施工单位	监理单位
3		ACU 型号	施工阶段	施工单位	监理单位
4	配置信息	是否部署 TCU	施工阶段	施工单位	监理单位
5		进线电流互感比	施工阶段	施工单位	监理单位
6		出线电流互感比（A 相）	施工阶段	施工单位	监理单位
7		出线电流互感比（B 相）	施工阶段	施工单位	监理单位
8		出线电流互感比（C 相）	施工阶段	施工单位	监理单位
9	特征信息	设备出厂编号	施工阶段	施工单位	监理单位
10		硬件版本	施工阶段	施工单位	监理单位
11		软件版本	施工阶段	施工单位	监理单位
12		安装时间	施工阶段	施工单位	监理单位
13		通信模式	施工阶段	施工单位	监理单位
14		SIM 卡编号	施工阶段	施工单位	监理单位

H.6.2 ACU 型号信息采集内容及要求见表 H.6.2。

表 H.6.2　ACU 型号采集信息表

序号	信息类别	信息名称	采集时间	采集单位	校对单位
1	基本信息	ACU 型号	施工阶段	施工单位	监理单位
2		生产厂家	施工阶段	施工单位	监理单位
3	特征信息	ACU 类别	施工阶段	施工单位	监理单位
4		设施寿命（年）	施工阶段	施工单位	监理单位

H.6.3 ACU 接线配置信息采集内容及要求见表 H.6.3。

表 H.6.3 ACU 接线配置采集信息表

序号	信息类别	信息名称	采集时间	采集单位	校对单位
1	基本信息	ACU 编号	施工阶段	施工单位	监理单位
2	第一路进线配置	A 相电压接入标志	施工阶段	施工单位	监理单位
3		A 相电流接入标志	施工阶段	施工单位	监理单位
4		B 相电压接入标志	施工阶段	施工单位	监理单位
5		B 相电流接入标志	施工阶段	施工单位	监理单位
6		C 相电压接入标志	施工阶段	施工单位	监理单位
7		C 相电流接入标志	施工阶段	施工单位	监理单位
8	第二路进线配置	A 相电压接入标志	施工阶段	施工单位	监理单位
9		A 相电流接入标志	施工阶段	施工单位	监理单位
10		B 相电压接入标志	施工阶段	施工单位	监理单位
11		B 相电流接入标志	施工阶段	施工单位	监理单位
12		C 相电压接入标志	施工阶段	施工单位	监理单位
13		C 相电流接入标志	施工阶段	施工单位	监理单位
14	出线电压配置	A 相电压接入标志	施工阶段	施工单位	监理单位
15		B 相电压接入标志	施工阶段	施工单位	监理单位
16		C 相电压接入标志	施工阶段	施工单位	监理单位
17	第一路出线电流配置	A 相电流接入标志	施工阶段	施工单位	监理单位
18		B 相电流接入标志	施工阶段	施工单位	监理单位
19		C 相电流接入标志	施工阶段	施工单位	监理单位
20	第二路出线电流配置	A 相电流接入标志	施工阶段	施工单位	监理单位
21		B 相电流接入标志	施工阶段	施工单位	监理单位
22		C 相电流接入标志	施工阶段	施工单位	监理单位
23	第三路出线电流配置	A 相电流接入标志	施工阶段	施工单位	监理单位
24		B 相电流接入标志	施工阶段	施工单位	监理单位
25		C 相电流接入标志	施工阶段	施工单位	监理单位

续表H.6.3

序号	信息类别	信息名称	采集时间	采集单位	校对单位
26	第四路出线电流配置	A相电流接入标志	施工阶段	施工单位	监理单位
27		B相电流接入标志	施工阶段	施工单位	监理单位
28		C相电流接入标志	施工阶段	施工单位	监理单位
29	第五路出线电流配置	A相电流接入标志	施工阶段	施工单位	监理单位
30		B相电流接入标志	施工阶段	施工单位	监理单位
31		C相电流接入标志	施工阶段	施工单位	监理单位
32	第六路出线电流配置	A相电流接入标志	施工阶段	施工单位	监理单位
33		B相电流接入标志	施工阶段	施工单位	监理单位
34		C相电流接入标志	施工阶段	施工单位	监理单位
35	第一路进线失电信号	A相失电信号接入标志	施工阶段	施工单位	监理单位
36		B相失电信号接入标志	施工阶段	施工单位	监理单位
37		C相失电信号接入标志	施工阶段	施工单位	监理单位
38	第二路进线失电信号	A相失电信号接入标志	施工阶段	施工单位	监理单位
39		B相失电信号接入标志	施工阶段	施工单位	监理单位
40		C相失电信号接入标志	施工阶段	施工单位	监理单位
41	信号量输出(DO)	第1路接入标志	施工阶段	施工单位	监理单位
...		...	施工阶段	施工单位	监理单位
48		第8路接入标志	施工阶段	施工单位	监理单位
49	信号量输入(DI)	第1路接入标志	施工阶段	施工单位	监理单位
...		...	施工阶段	施工单位	监理单位
64		第16路接入标志	施工阶段	施工单位	监理单位

H.6.4 TCU信息采集内容及要求见表H.6.4。

表 H.6.4 TCU采集信息表

序号	信息类别	信息名称	采集时间	采集单位	校对单位
1	基本信息	TCU序列号	施工阶段	施工单位	监理单位
2		所属综合杆编号	施工阶段	施工单位	监理单位

序号	信息类别	信息名称	采集时间	采集单位	校对单位
3	基本信息	所属 ACU 编号	施工阶段	施工单位	监理单位
4		TCU 型号	施工阶段	施工单位	监理单位
5	配置信息	IMEI 号	施工阶段	施工单位	监理单位
6		ACU 控制序号	施工阶段	施工单位	监理单位
7		TCU 序号	施工阶段	施工单位	监理单位
8		TCU 本地回路号	施工阶段	施工单位	监理单位
9		灯供电相位	施工阶段	施工单位	监理单位
10		调光类型	施工阶段	施工单位	监理单位
11		SIM 卡号	施工阶段	施工单位	监理单位

H.6.5 TCU 型号信息采集内容及要求见表 H.6.5。

表 H.6.5　TCU 型号采集信息表

序号	信息类别	信息名称	采集时间	采集单位	校对单位
1	基本信息	TCU 型号名称	施工阶段	施工单位	监理单位
2		生产厂家	施工阶段	施工单位	监理单位
3	特征信息	TCU 类型	施工阶段	施工单位	监理单位
		通信方式	施工阶段	施工单位	监理单位
		设施寿命(年)	施工阶段	施工单位	监理单位

H.7　搭载设施信息

H.7.1 综合杆上搭载设施信息采集内容及要求见表 H.7.1。

表 H.7.1　杆上搭载设施采集信息表

序号	信息类别	信息名称	采集时间	采集单位	校对单位
1	基本信息	所属综合杆编号	施工阶段	权属单位	监理单位
2		搭载设备编号	施工阶段	权属单位	监理单位

序号	信息类别	信息名称	采集时间	采集单位	校对单位
3	特征信息	行业类型	施工阶段	权属单位	监理单位
4		权属单位名称	施工阶段	权属单位	监理单位
5		权属单位设施编号	施工阶段	权属单位	监理单位
6		财政/非财政	施工阶段	权属单位	监理单位
7		所属设施大类	施工阶段	权属单位	监理单位
8		搭载设施类型	施工阶段	权属单位	监理单位
9		搭载设备	施工阶段	权属单位	监理单位
10	安装信息	安装设施位置	施工阶段	权属单位	监理单位
11		安装形式	施工阶段	权属单位	监理单位
12		安装部件编号	施工阶段	权属单位	监理单位
13		安装水平位置(mm)	施工阶段	权属单位	监理单位
14		安装高度(mm)	施工阶段	权属单位	监理单位
15		出线孔位编号	施工阶段	权属单位	监理单位
16		相关综合设备箱箱编号	施工阶段	权属单位	监理单位
17		相关综合设备箱舱位编号	施工阶段	权属单位	监理单位
18		供电电压(V)	施工阶段	权属单位	监理单位
19		安装日期	施工阶段	权属单位	监理单位

H.7.2　综合设备箱箱内搭载设施信息采集内容及要求见表 H.7.2。

表 H.7.2　综合设备箱箱内搭载设施信息表

序号	信息类别	信息名称	采集时间	采集单位	校对单位
1	基本信息	综合设备箱编号	施工阶段	权属单位	监理单位
2		用户舱舱位编号	施工阶段	权属单位	监理单位
3		舱内设备类型	施工阶段	权属单位	监理单位
4		权属单位设施编号	施工阶段	权属单位	监理单位
5		设施用途(财政/非财政)	施工阶段	权属单位	监理单位

序号	信息类别	信息名称	采集时间	采集单位	校对单位
6	特征信息	长度(mm)	施工阶段	权属单位	监理单位
7		宽度(mm)	施工阶段	权属单位	监理单位
8		高度(mm)	施工阶段	权属单位	监理单位
9		额定功率(W)	施工阶段	权属单位	监理单位
10		设备使用供电电压(V)	施工阶段	权属单位	监理单位
11	安装信息	安装日期	施工阶段	权属单位	监理单位

H.7.3 搭载设施线缆信息采集内容及要求见表 H.7.3。

表 H.7.3 搭载设施线缆采集信息表

序号	信息类别	信息名称	采集时间	采集单位	校对单位
1	基本信息	搭载设施编号	施工阶段	权属单位	监理单位
2		线缆编号	施工阶段	权属单位	监理单位
3		线缆类型	施工阶段	权属单位	监理单位
4		线缆规格	施工阶段	权属单位	监理单位
5		主杆走线舱位编号	施工阶段	权属单位	监理单位

附录 J 竣工验收资料清单

表 J 竣工验收资料清单

一、前期立项文件项目批文			
序号	名称	备注要求	备注包含内容
	（一）立项文件		
1	立项批文		
二、审核文件（阶段）			
序号	名称	备注要求	备注包含内容
1	综合杆设施施工设计图	签字盖章原件	详见本标准附录 F 中第 F.2 节
2	设计文件意见征询单	盖章原件	
三、施工资料（阶段）			
序号	名称	备注要求	备注包含内容
	（一）施工组织设计文件		
1	施工组织设计审批表		
2	施工组织设计		
	（二）质量管理文件		
1	工程开、竣工报告		
2	图纸会审		
3	技术交底		
4	工程设计变更及汇总表		
5	工程洽商记录		
6	工程质量事故报告		

7	工程质量事故处理记录		
8	合同信息表		
	（三）测量记录		
1	土基压实度汇总表		
2	××基础尺寸测量记录汇总表附影像资料		
3	综合杆垂直度检查表		
4	隐蔽工程检查记录		
5	接地电阻测试记录		
6	综合电源箱安装测试记录		
7	综合电源箱电压、电流测试记录		
8	混凝土浇筑记录		
	（四）质量保证文件		
1	主要材料出厂证明及复试单汇总	混凝土、砖、砂浆、预埋件、管道、接地装置等;井盖、接线盒、线缆（导线）、电缆等	
2	主要设备出厂证明及复试单汇总	综合杆、综合电源箱、综合机箱、灯具、ACU、TCU等	
3	混凝土抗压强度试验汇总及统计评定表		
4	××道路照明检测报告		
	（五）质量评定文件		
1	单位工程、分部、分项工程划分表		
2	隐蔽工程验收单及验收确认资料		

续表J

3	单位(子单位)工程质量竣工验收记录		
4	单位工程质量保证资料检查记录		
5	各单位(子单位)工程观感质量检查记录		
6	分部(子分部)工程质量验收记录		
7	分项工程质量验收记录		
8	检验批质量验收记录		

四、监理文件

序号	名称	备注要求	备注包含内容
1	监理规划		
2	监理实施细则		
3	工程开工、复工审批表		
4	施工组织设计(方案)报审表		
5	成品、半成品供货单位资格报审表		
6	供货单位资质材料		
7	各类报验申请表		
8	工程材料、构配件、设备报审表		
9	工程变更单		
10	工程竣工报验单		
11	监理单位工程评估报告		

五、竣工阶段

序号	名称	备注要求	备注包含内容
	(一)竣工图		
1	竣工图	签字盖章原件	
	(二)竣工文件		

续表J

1	设计单位工程质量检查报告(合格证明书)		
2	施工单位工程质量检查报告(合格证明书)		
3	监理单位工程质量检查报告(合格证明书)		
4	上海市建设工程竣工验收备案质量终身责任人登记文件		
5	工程质量保修书		

六、合杆整治专用资料

序号	名称	备注要求	备注包含内容
1	管线探测报告		
2	相关权属单位验收报告		
3	权属单位分界协议		含分界图纸
4	合杆设备普查图		
5	灯具检测报告		
6	道路照明检测报告		

七、移交申请资料

序号	名称	备注要求	备注包含内容
1	移交接管申请		
2	移交接管说明		
3	设施量清单		迁移权属设施包括设备设施名称和属性(如编号、安装位置、重量、额定功率、迎风面等)权属部门或单位名称、安装位置等信息

注:1. 竣工资料纸质、电子光盘各1份。其中纸质资料(按信息化项目科经委资料验收目录整理)按项目批文、设计审核文件、施工资料、合杆整治专用资料、移交申请资料分册装订,并提供封面、目录。电子资料按册页扫描,并提供合杆设备普查图、竣工图、设施量清单等电子资料、涉及平台软件的还需提供源代码光盘等原格式文件。

2. 相关施工技术、质量文件需施工单位项目经理签章,监理资料须总监签章。

197

附录 K 竣工验收报告

K.0.1 工程设计质量合格证明应符合表 K.0.1 的要求。

表 K.0.1 工程设计质量合格证明

工程名称			
单位名称		联系电话	
单位地址		邮政编码	
设计合理使用年限			
本工程设计执行下列国家、行业、地方标准:			
本工程设计有无违反国家强制性标准情况:			
本工程设计是否符合现行相关标准、规范:			
本工程设计是否满足设计合同要求:			
本工程是否达到设计要求:			
质量责任人签字			
设计负责人:	年 月 日		
专业负责人:	年 月 日		单位公章
专业工程师:	年 月 日		
单位技术负责人:	年 月 日		
单位法人代表:	年 月 日		

注:1. 本表由工程设计单位按单位工程填写,一式两份,一份交建设单位,一份
自存。
　　2. 各栏内容应如实填写;如有违反、未完成、不符合及未达到情况,应详细写
明,可另附页。

K.0.2 工程施工质量合格证明应符合表 K.0.2 的要求。

表 K.0.2 工程施工质量合格证明

工程名称			
工程造价		工程类型	市政工程
工程实物 工作量			
单位名称		联系电话	
单位地址		邮政编码	
本工程施工及质量检验执行下列国家、行业、地方标准：			
本工程施工有无违反国家强制性情况：			
本工程施工是否完成了合同工作量及施工图(含设计变更)内容：			
本工程在下列方面是否达到设计文件及质量标准规定：			
对本工程质量验收意见：			
质量责任人签字			
工程项目经理：　　　　　年　　月　　日			（单位公章）
单位质量负责人：　　　　年　　月　　日			
单位技术负责人：　　　　年　　月　　日			
单位法人代表：　　　　　年　　月　　日			

注：1. 本表由施工单位按单位工程填写，一式两份，一份交建设单位，一份自存。
　　2. 各栏内容应如实填写；如有违反、未完成、不符合及未达到情况，应详细写
　　　　明，可另附表。

K.0.3 工程监理质量合格证明应符合表 K.0.3 的要求。

表 K.0.3　工程监理质量合格证明

工程名称			
单位名称		联系电话	
单位地址		邮政编码	
本工程监理及质量等级核定执行下列标准和规范性文件：			
本工程施工及监理有无违反国家强制性标准情况：			
本工程施工是否完成了合同工作量及施工图(含设计变更)内容：			
本工程隐蔽验收手续是否符合质量标准及规范性文件：			
本工程在下列方面是否达到设计文件及质量标准规定：			
对本工程质量验收意见：			
质量责任人签字			
总监理工程师：	年　　月　　日		(单位公章)
单位技术负责人：	年　　月　　日		
单位法人代表：	年　　月　　日		

注：1. 本表由工程设计单位按单位工程填写，一式两份，一份交建设单位，一份自存。
　　2. 各栏内容应如实填写；如有违反、未完成、不符合及未达到情况，应详细写明，可另附表。

K.0.4 建设单位项目负责人工程质量终身责任承诺书应符合下列格式规定：

建设单位项目负责人工程质量终身责任承诺书

工程名称：

本人承诺在工程建设过程中和建筑物设计使用年限内，对工程质量承担全面责任。在工程建设过程中认真履行下列职责：

1. 严格遵守相关法律法规和规范标准，认真履行建设工程合同所规定的责任和义务。

2. 将工程发包给具有相应资质等级的施工、监理、勘察、设计、检测和施工图审查等单位，不将建设工程肢解发包，不直接指定分包单位。对按规定必须招标的严格依法依规进行招标，不迫使承包方以低于成本价竞标，不拖欠勘察设计费用和工程款，不任意压缩合理工期。

3. 向勘察、设计、施工、监理、检测和施工图审查等单位提供真实、准确、齐全的建设项目相关原始材料。

4. 将勘察、设计文件送有资质的审查机构进行审查，及时向施工现场提供审查合格并加盖审查专用章的勘察、设计文件及审查意见。工程有变更的，按规定程序办理相关手续，重大设计变更送原审查机构审查合格后再实施。

5. 严格遵守基本建设程序，在开工前办理质量监督手续，领取施工许可证。

6. 不明示或暗示勘察、设计、施工、检测等单位违反工程建设强制性标准或使用不合格的建筑材料、建筑配件和设备，降低工程质量。不指定承包单位购入用于工程的建筑材料、建筑配件和设备或指定生产厂和供应商。

7. 工程竣工后，按规定组织勘察、设计、施工、监理等有关单位进行验收，并接受工程质量监督机构监督。在工程验收合格 15 日内，办理竣工验收备案手续。工程未经验收合格，不得交付使用。

8. 及时整理文件资料，建立健全工程项目档案，并自竣工验收后及时向城建档案管理部门移交建设项目档案和各方主体项目负责人质量终身责任信息档案。

9. 督促勘察、设计、施工、监理等有关单位落实质量责任，对未实行监理的工程，组织建设单位相关人员履行监理单位职责。

10. 法律法规及标准规范规定的其他质量责任。

单位名称			
项目负责人		承诺人签字：	
身份证号码		年　　　月　　　日	

注：本页扫描上传。纸质材料和身份证、注册证书复印件，一式三份，一份交质量监督机构备案，一份与档案资料交城建档案馆存档，一份建设单位留存。

K.0.5 设计单位项目负责人工程质量终身责任承诺书应符合下列格式规定：

设计单位项目负责人工程质量终身责任承诺书

工程名称：

　　本人承诺在该工程建设过程中和建筑物设计使用年限内，承担因设计导致的工程质量事故或质量问题责任。在工程建设过程中认真履行下列职责：

　　1. 严格遵守相关法律法规和规范标准，认真履行建设工程合同所规定的责任和义务。

　　2. 严格按照核定的工程设计资质等级和业务范围开展设计业务，不超越资质等级许可的范围承揽工程，不转包或违法分包所承揽的设计业务。

　　3. 严格依据勘察成果文件进行工程设计，保证设计文件符合工程建设强制性标准要求，达到国家规定的文件编制深度要求，并经过严格的内部校对、审核。提供的设计文件加盖有设计单位出图专用章和执业人员印章。

　　4. 严格按照相关规定进行设计变更。重大设计变更应按规定和程序进行审查。

5. 按规定在施工前向施工单位和监理单位做好设计交底和参加图纸会审,及时解决施工过程中涉及的设计问题,积极参与重要分部分项工程和单位工程竣工验收,真实客观地签署验收结论,积极参加质量事故调查和处理,按规定提交工程质量检查报告。

6. 法律法规及标准规范规定的其他质量责任。

单位名称			
项目负责人		承诺人签字:	
身份证号码		执业注册:	
执业资格证号		年　　月　　日	

注:本页扫描上传。纸质材料和身份证、注册证书复印件,一式四份,一份交质量监督机构备案,一份与档案资料交城建档案馆存档,一份建设单位留存,一份承包单位留存。

K.0.6 施工单位项目经理工程质量终身责任承诺书应符合下列格式规定:

施工单位项目经理工程质量终身责任承诺书

工程名称:

本人承诺在工程建设过程中和建筑物设计使用年限内,承担因施工导致的工程质量事故或质量问题责任。在工程建设过程中认真履行下列职责:

1. 严格遵守相关法律法规和规范标准,认真履行建设工程合同所规定的责任和义务。

2. 保证在岗履职,不超范围执业,不同时在两个及以上的工程项目担任项目负责人。

3. 对工程项目施工质量负全责,负责建立质量管理体系,按要求配备施工现场管理人员,负责落实质量责任制、质量管理规章制度和操作规程。

4. 负责组织编制施工组织设计,负责组织编制、论证和实施危险性较大分部分项工程专项施工方案,负责组织质量技术交底。

5. 负责组织对进入施工现场的建筑材料、构配件、设备、预拌混凝土等进行检验，未经检验或检验不合格的不投入使用；对涉及结构安全的试块、试件以及有关材料进行见证取样检测，保证送检试样的真实性和代表性，不篡改或伪造检测报告，不明示或暗示检测机构出具虚假检测报告。

6. 严格按照审查通过的施工图设计文件和技术标准组织施工，负责组织做好隐蔽工程的验收工作，参加地基基础、主体结构等分部工程的验收，参加单位工程和工程竣工验收；在验收文件上签字，不签署虚假文件。

7. 不偷工减料，不使用国家明令淘汰、禁止使用的危及施工质量的工艺、设备、材料。

8. 定期组织质量隐患排查，及时消除质量隐患；落实建设主管部门和工程建设相关单位提出的质量隐患整改要求。

9. 组织对施工现场作业人员进行岗前质量培训，不允许未经质量安全培训和无证人员上岗。

10. 按规定报告质量安全事故，及时启动应急预案，保护事故现场，开展应急救援。

11. 法律法规及标准规范规定的其他质量责任。

单位名称			
项目负责人		承诺人签字：	
身份证号码		执业注册：	
执业资格证号		年　　月　　日	

注：本页扫描上传。纸质材料和身份证、注册证书复印件，一式四份，一份交质量监督机构备案，一份与档案资料交城建档案馆存档，一份建设单位留存，一份承包单位留存。

K.0.7 监理单位总监理工程师工程质量终身责任承诺书应符合下列格式规定：

监理单位总监理工程师工程质量终身责任承诺书

工程名称：

　　本人承诺在工程建设过程中和建筑物设计使用年限内，对工程质量承担监理责任。在该工程建设过程中认真履行下列职责：

1. 严格遵守相关法律法规和规范标准，认真履行建设工程合同所规定的责任和义务。

2. 严格按规定配备现场监理部关键岗位人员，并确保所有人员到岗履职。根据工程进展及监理工作情况调配监理人员，检查监理人员履行职责情况。

3. 认真组织编制监理规划，审批监理实施细则。审查施工单位的质量保证技术措施，在施工的全过程对施工质量进行严格监督检查。

4. 严格依照法律、法规以及有关技术标准、审查合格的施工图设计文件和监理合同约定对施工质量实施监理。对不符合技术标准和设计文件要求的建筑材料、建筑构配件和设备不予签字同意进场使用。

5. 督促监理工程师严格按照工程监理规范的要求，采取旁站、巡视和平行检验等形式，对工程建设过程进行监理，并确保所有质量凭证及时、真实、准确。

6. 发现施工过程中责任主体有违法违规和违反工程建设强制性标准行为的，及时制止，拒不整改的报告住房城乡建设主管部门及其工程质量监督机构。

7. 组织审核分包单位资格。审查施工组织设计、（专项）施工方案。签发工程开工令、暂停令和复工令。

8. 组织检查施工单位现场质量管理体系的建立及运行情况。组织审查和处理工程变更。

9. 组织验收分部工程，组织审查单位工程质量检验资料。审查施工单位的竣工申请，组织工程竣工预验收，组织编写工程质量评估报告，参与工程竣工验收。

10. 参与或配合工程质量安全事故的调查和处理。

11. 组织编写监理月报、监理工作总结，组织整理监理文件资料。

12. 法律法规及标准规范规定的其他质量责任。

单位名称			
项目负责人		承诺人签字：	
身份证号码		执业注册：	
执业资格证号		年　月　日	

　　注:本页扫描上传。纸质材料和身份证、注册证书复印件,一式四份,一份交质量监督机构备案,一份与档案资料交城建档案馆存档,一份建设单位留存,一份承包单位留存。

K.0.8　工程质量保修书应符合下列格式规定:

工程质量保修书

单位工程名称		竣工日期	
建设单位名称		施工单位名称	

本工程在质量保证期二年内,如发生施工质量问题,本单位将按照《建设工程质量管理条例》的相关规定由本单位负责保修,属施工质量问题,保修费用由本单位承担

质 量 保 修 范 围	

注:1. 建设工程保修期,由建设单位竣工验收合格之日起计算。
　　2. 保修范围:该施工企业施工合同范围内,因施工质量原因而产生的质量问题

施 工 单 位	法人代表		施工企业(公章)	
	项目经理			
	保修联系人			
	联系电话			
	联系地址、邮编		年　月　日	

本标准用词说明

1 为便于在执行本标准条文时区别对待,对要求严格程度不同的用词说明如下:

1)表示很严格,非这样做不可的用词:

正面词采用"必须";

反面词采用"严禁"。

2)表示严格,在正常情况均应这样做的用词:

正面词采用"应";

反面词采用"不应"或"不得"。

3)表示允许稍有选择,在条件许可时首先应这样做的用词:

正面词采用"宜";

反面词采用"不宜"。

4)表示有选择,在一定条件下可以这样做的用词,采用"可"。

2 本标准中指明应按其他有关标准、规范执行的写法为"应符合……的规定"或"应符合……的要求"或"应按……执行"。

引用标准名录

1 《1 型六角螺母　C 级》GB/T 41
2 《碳素结构钢》GB/T 700
3 《热轧型钢》GB/T 706
4 《热轧钢板和钢带的尺寸、外形、重量及允许偏差》GB/T 709
5 《平垫圈　C 级》GB/T 95
6 《气焊、焊条电弧焊、气体保护焊和高能束焊的推荐坡口》
　　GB/T 985.1
7 《埋弧焊的推荐坡口》GB/T 985.2
8 《铸造铝合金》GB/T 1173
9 《低合金高强度结构钢》GB/T 1591
10 《漆膜耐冲击测定法》GB/T 1732
11 《色漆和清漆　涂层老化的评级方法》GB/T 1766
12 《铝及铝合金硬质阳极氧化膜规范》GB/T 19822
13 《液体石油化工产品密度测定法》GB/T 2013
14 《电工电子产品环境试验　第 2 部分:试验方法　试验
　　Db:交变湿热(12 h＋12 h 循环)》GB/T 2423.4
15 《电工电子产品环境试验　第 2 部分:试验方法　试验
　　Ka:盐雾》GB/T 2423.17
16 《计数抽样检验程序　第 1 部分:按接受质量限
　　(AQL)检索的逐批检验抽样计划》GB/T 2828.1
17 《周期检验计数抽样程序及表(适用于对过程稳定性的
　　检验)》GB/T 2829
18 《低压流体输送用焊接钢管》GB/T 3091
19 《紧固件机械性能　螺栓、螺钉和螺柱》GB/T 3098.1

20 《紧固件机械性能　螺母》GB/T 3098.2

21 《紧固件机械性能　不锈钢螺栓、螺钉和螺柱》GB/T 3098.6

22 《变形铝及铝合金化学成分》GB/T 3190

23 《铝及铝合金挤压棒材》GB/T 3191

24 《外壳防护等级（IP 代码）》GB/T 4208

25 《不锈钢热轧钢板和钢带》GB/T 4237

26 《金属覆盖层　覆盖层厚度测量　阳极溶解库仑法》GB/T 4955

27 《磁性基体上非磁性覆盖层　覆盖层厚度测量　磁性法》GB/T 4956

28 《扩口式管接头用空心螺栓》GB/T 5650

29 《起重机械安全规程》GB 6067

30 《色漆和清漆　铅笔法测定漆膜硬度》GB/T 6739

31 《一般工业用铝及铝合金挤压型材》GB/T 6892

32 《低压成套开关设备和控制设备　第 1 部分：总则》GB 7251.1

33 《气体保护电弧焊用碳钢、低合金钢焊丝》GB/T 8110

34 《电磁环境控制限值》GB 8702

35 《铸造铝合金锭》GB/T 8733

36 《一般货物运输包装通用技术条件》GB/T 9174

37 《色漆和清漆　漆膜的划格试验》GB/T 9286

38 《人造气氛腐蚀试验　盐雾试验》GB/T 10125

39 《铝及铝合金焊丝》GB/T 10858

40 《焊缝无损检测　超声检测　技术、检测等级和评定》GB/T 11345

41 《金属材料熔焊质量要求》GB/T 12467

42 《埋弧焊用热强钢实心焊丝、药芯焊丝和焊丝-焊剂组合分类要求》GB/T 12470

43 《机电产品包装通用技术条件》GB/T 13384

44 《色漆和清漆 漆膜厚度的测定》GB/T 13452.2

45 《金属覆盖层 钢铁制件热浸镀锌层技术要求及试验方法》GB/T 13912

46 《剩余电流动作保护装置安装和运行》GB 13955

47 《铝及铝合金挤压型材尺寸偏差》GB/T 14846

48 《道路交通信号灯设置与安装规范》GB 14886

49 《塑料 实验室光源暴露试验方法 第 2 部分:氙弧灯》GB/T 16422.2

50 《低压电涌保护器(SPD) 第 1 部分:低压配电系统的电涌保护器性能要求和试验方法》GB 18802.1

51 《低压电涌保护器(SPD) 第 12 部分:低压配电系统的电涌保护器选择和使用导则》GB/T 18802.12

52 《低压电涌保护器(SPD) 第 22 部分:电信和信号网络的电涌保护器(SPD)的选择和使用导则》GB/T 18802.22

53 《焊接结构的一般尺寸公差和形位公差》GB/T 19804

54 《电器设备外壳对外界机械碰撞的防护等级(IK 代码)》GB/T 20138

55 《铝及铝合金弧焊推荐工艺》GB/T 22086

56 《信息安全技术 网络安全等级保护基本要求》GB/T 22239

57 《检查井盖》GB/T 23858

58 《测绘成果质量检查与验收》GB/T 24356

59 《铸造铝合金热处理》GB/T 25745

60 《公共安全重点区域视频图像信息采集规范》GB 37300

61 《建筑地基基础设计规范》GB 50007

62 《建筑结构荷载规范》GB 50009

63 《钢结构设计标准》GB 50017

64 《岩土工程勘察规范》GB 50021

65 《工程测量标准》GB 50026

66 《供配电系统设计规范》GB 50052

67 《低压配电设计规范》GB 50054

68 《建筑物防雷设计规范》GB 50057

69 《交流电气装置的接地设计规范》GB/T 50065

70 《混凝土强度检验评定标准》GB/T 50107

71 《高耸结构设计标准》GB 50135

72 《电气装置安装工程　母线装置施工及验收规范》GB 50149

73 《电气装置安装工程　电缆线路施工及验收标准》GB 50168

74 《电气装置安装工程　接地装置施工及验收规范》GB 50169

75 《电气装置安装工程　盘、柜及二次回路接线施工及验收规范》GB 50171

76 《钢结构工程施工质量验收标准》GB 50205

77 《电力工程电缆设计标准》GB 50217

78 《电气装置安装工程　低压电器施工及验收规范》GB 50254

79 《建筑工程施工质量验收统一标准》GB 50300

80 《建设工程监理规范》GB/T 50319

81 《通信管道与通道工程设计标准》GB 50373

82 《通信管道工程施工及验收标准》GB/T 50374

83 《建筑施工组织设计规范》GB/T 50502

84 《钢结构焊接规范》GB 50661

85 《混凝土结构工程施工规范》GB 50666

86 《钢结构施工规范》GB 50755

87 《市政工程施工组织设计规范》GB/T 50903

88 《建筑地基基础工程施工规范》GB 51004

89 《城市道路交通标志和标线设置规范》GB 51038

90 《通信设备安装工程抗震设计标准》GB/T 51369

91 《六角头螺栓　C级》GB/T 5780

92 《城市道路照明设计标准》CJJ 45

93 《市政工程勘察规范》CJJ 56

上海市工程建设规范

综合杆设施技术标准

DG/TJ 08—2362—2021

J 15649—2021

条文说明

2021　上海

目　次

Contents

1 总 则

1.0.2 综合杆设施是一种创新公共基础设施,结合前期工程建设和应用情况,本标准主要适用于上海市新建城市地面主干路、次干路和支路的综合杆设施的工程设计、施工、验收和养护,同时也适用于改建、扩建和专项整治类城市地面主干路、次干路和支路的综合杆设施的工程设计、施工、验收和养护。

本标准暂不适用于高架道路、地下道路、大桥和隧道。

1.0.3 本标准对综合杆设施的工程设计、施工、验收和养护提出了较为详细的技术要求。涉及与国家和行业现行相关标准规范相同条款时,本标准没有重复列出,可具体参照国家和行业现行的相关标准规范。

2 术 语

2.0.2 各类城市管理与服务设施按功能可划分为道路运行管理设施、城市安全服务设施和城市公共服务设施三类,目前可由综合杆设施承载的搭载设施可参见本标准表 4.2.5。

经研究论证,用于发布道路路况、突发事件及车位信息的大型可变信息标志、停车诱导标志,暂不纳入综合杆设施的服务范围,须独立设置。

4 设 计

4.1 一般规定

4.1.3

2 勘探孔的深度应根据综合杆基础式样确定。采用混凝土扩展基础时,勘探孔深不小于 2.5 m;采用钢管桩基础时,勘探孔深不小于 10 m。

4.1.6

3

1) 区域供电规划是指综合杆设施工程中综合电源箱的布置和服务范围规划。

4.2 综合杆

4.2.1 综合杆的平面布置设计是以确定综合杆布设位置为目的的设计,应体现"统筹业务需求,主要业务优先,优化业务设施配置,合理配置立杆"的原则,"一路一设计",每条道路应分别按照路口区域、路段区域和特殊区域分别组织设计。

综合杆式样设计是按照杆上搭载设施布置需求确定综合杆式样为目的的设计,应体现"满足搭载需求,合理预留,美化式样"原则,同类归并设计。

综合杆部件选定设计是以确定综合杆各部件规格为目的的设计,应体现"满足功能为主,兼顾景观要求,适度预留"的原则,精细化设计。

综合杆装配设计是以确定综合杆各部件装配工艺和标准为目的的设计,应体现"装配工艺科学,荷载计算精准"的原则,"一杆一设计"。

综合杆基础设计是以确定综合杆基础规格为目的的设计,应体现"因地制宜,可实施"原则,结合杆体荷载、地质条件、结构类型、施工条件等因素定制化设计。

杆上搭载设施布置和接口设计是以确定设施在杆上搭载位置、搭载要求、搭载方式为目的的设计,应体现"服务业务需求,统筹搭载位置,共享应用综合杆"的原则,"一杆一设计"。

荷载计算是以校验综合杆部件、杆体和基础安全性为目的的计算,应按承载能力极限状态和正常使用极限状态组合计算。

综合杆基础、部件设计时,应结合设施搭载用户的调研需求,冗余设计。

4.2.3 路段区域内综合杆的平面布置设计需要统筹考虑道路照明、交通标志、视频监控等各类设施的搭载需求。一般情况下,宜在进路口方向、停止线上游约 30 m 和 60 m 处分别布置综合杆,满足电警、卡口设备及道路交通标志的搭载需求。同时应在路段沿线公共安全重点区域布置综合杆,满足视频监控、治安监控、违法抓拍等采集设备的搭载需求。

综合杆在公共安全重点区域的平面布置设计应满足现行国家标准《公共安全重点区域视频图像信息采集规范》GB 37300 的相关规定。

4.2.5 综合杆的杆上搭载设施布置设计成果是形成综合杆式样。具体设计时,可依据各类搭载设施的功能要求,结合表 4.2.5 的规定,参考图 1 示意的搭载设施杆上布置方式,设计综合杆式样。

2 一般情况下,副杆上不建议搭载除通信基站外的其他设施。仅当主杆规格选用"主杆 2",且主杆高度为 2.5 m、3.5 m 时,可搭载少量(不超过 3 套/块)设施。搭载设施上沿距灯臂宜不小于 0.5 m。副杆高度小于 2 m 时,不宜搭载设施。

3

　　2)　主杆杆体 2.5 m 以下不宜搭载设施。当未配置横臂时,搭载设施上沿距主杆顶部宜不小于 0.5 m。当配置横臂时,搭载设施上沿距横臂下沿宜不小于 0.5 m。

　　3)　当采用双横臂、三横臂搭载大型交通标志牌时,横臂末端不宜外露。

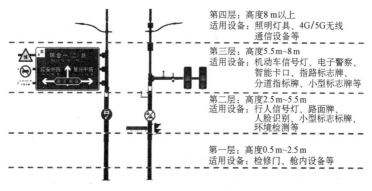

图 1　综合杆上搭载设施布置示例

4.2.8　本条规定了综合杆各部件装配完成后对杆体及搭载设施总荷载的计算要求。

　　1　综合杆设计应符合功能要求和安全性的要求,并应保证标志结构足够的强度、刚度和稳定性。

　　2　本款根据国家标准《城市道路交通标志和标线设置规范》GB 51038—2015 中第 4.7.1 条的规定制定。

　　3　综合杆的自重应根据设计经验或者生产厂家提供的资料确定。

　　4　根据现行国家标准《建筑结构荷载规范》GB 50009 的相

关规定,补充风振系数按照行业标准《变电站建筑结构设计技术规程》DL/T 5457—2012 中第 4.4.2 条的规定取值,综合杆使用年限主要考虑镀锌层正常使用年限,杆体荷载计算中,风荷载基本风压按照 50 年一遇取用。

4.2.9 扩展基础的设计应根据岩土工程勘查成果进行设计:

1 按地基承载力确定基础底面积及埋深时,传至基础上的作用效应应按正常使用极限状态下作用的标准组合;相应的抗力应采用地基承载力特征值;计算滑移稳定以及抗倾覆稳定时,作用效应应按承载能力极限状态下作用的基本组合,但其分项系数均为 1.0;在确定基础一高度、计算基础内力、确定配筋和验算材料强度时,上部结构传来的作用效应和相应的基底反力,应按承载能力极限状态下作用的基本组合,采用相应的分项系数;当需要验算基础裂缝宽度时,应按正常使用极限状态下作用的标准组合。

2 主动土压力是基础在侧面土体作用下发生背离土体方向的变位达到极限平衡时的最小压力,被动土压力是基础在外力作用下发生向土体方向的变位达到极限平衡时的最大土压力。对于被动土压力而言,一般因产生被动土压力要求基础有较大的变位,而这样大的变位工程中是不允许的,故不宜考虑被动土压力的全部使用,在工程中应根据不同土质折减。目前常用的土压力计算理论有朗肯土压力理论和库伦土压力理论,二者根据不同的假设,以不同的分析方法计算土压力。朗肯土压力理论基本假定为:墙背垂直、光滑;填土表面水平;墙体为刚性体。库伦土压力理论基本假定为:墙后的填土是理想散粒体;滑动破坏面为通过墙踵的平面;滑动土楔为一刚性体,本身无变形。由于综合杆基础更符合朗肯土压力理论的假定条件,故采用朗肯土压力理论的公式进行计算。在计算黏性土的土压力强度时,存在负侧压力区的情况不予考虑。

5 本条文不适用于无道路照明搭载需求的综合杆,此类综合杆基础内预埋管数量（规格）可为 4 孔（1 孔 $\phi 75$ mm、3 孔 $\phi 50$ mm），具体应根据现场布置环境和搭载需求在设计中确定。

4.2.13 为便于建设和运行、维护过程中的管理，综合杆内划分 5 个线缆敷设舱（1#～5#），每个线缆敷设舱服务于不同部件上的搭载设施。其中 1# 舱服务于灯臂上搭载设施（道路照明），2#、3# 舱服务于横臂上搭载设施（在路口区域优先满足交通信号灯），4# 舱服务于副杆上搭载设施，5# 舱服务于主杆上搭载设施。

4.3　综合设备箱、综合电源箱

4.3.2 本条规定的服务半径指综合设备箱、综合电源箱与服务对象之间的连接管道的距离。

　　1 综合设备箱的服务范围受线缆传输过程中的衰减限制，线缆的敷设距离应包含杆箱之间的管道长度和主杆高度、横臂长度及必要的冗余长度。因此，综合设备箱的服务半径宜不大于 60 m（含），约 3 根～5 根综合杆。

4.3.3

　　3 路口间距 S 指相邻路口中心线之间的距离。综合设备箱、综合电源箱可跨路段服务，服务范围应符合本标准第 4.3.2 条的规定。

4.3.6 箱体环境设计的目的是依据道路总体景观需求，对综合设备箱、综合电源箱及道路沿线其他箱体做隐蔽处置。可采用"加罩""涂鸦"等方式"隐形"，具体方式宜结合具体工程建设要求确定。

4.3.7

　　1 电源装置包含浪涌保护、断路器、开关电源、变压器等。综合设备箱出厂时宜按照本标准附录 B 中第 B.5 节的规定配置电源装置。当出厂配置不满足应用需求时，可依据用户设施的电压、电流、可靠性要求等进行专项设计确定。

4.3.8

　　1 配电装置包含浪涌保护、断路器、接触器等。综合电源箱出厂时宜按照本标准附录 C 中第 C.5 节的规定配置配电装置。当出厂配置不满足应用需求时,可依据用户设施的供电回路需求等进行专项设计确定。

4.4　综合管道

4.4.5

　　1　当施工条件限制时,综合管道可采用 2 列×4 行(8 孔)或 1 列×6 行(6 孔)或 4 列×1 行(4 孔)等组群方式埋设,并对手孔规格进行专项设计。

4.4.6

　　3

　　　1) 650 mm 圆形井盖适用于 550 mm×550 mm 手孔,700 mm 圆形井盖适用于 700 mm×900 mm 手孔和900 mm×1 200 mm 手孔。井盖大样见图 2。

　　　2) "装饰井盖"是指依据道路总体景观需求,对井盖做隐蔽处置。一般情况下,位于人行道上的井盖宜进行隐形设计,采用"装饰井盖"。井盖的装饰应符合本市《市政道路建设及整治工程全要素技术规定(试行)》(2019)的规定。

图 2　圆形球墨铸铁井盖

5 施 工

5.1 一般规定

5.1.1

4 专项施工组织设计应至少包括综合杆驻厂监造、装配和吊装方案,综合设备箱、综合电源箱箱内配置、箱体"隐形化"和防雷接地方案,地下管线保护措施专项方案。

5.1.5 为保证跟测的准确性,跟测单位现场实施跟测时应有工程建设单位人员全过程跟踪。

5.2 综合杆

5.2.4

2

 2)主检修门朝向应与道路平行,宜朝向行车方向。灯臂与副杆连接的中心线应垂直于道路中心线(有特殊照明角度要求除外)。

3 杆体涂层有轻微损坏的,应由专业产商进行修复。当杆体涂层总损坏面积大于 0.1 m²、单处损坏面积大于 0.01 m² 时,应更换部件。

5.2.5

2 确认是否有线缆、树木等妨碍吊装的设施。

6 综合杆吊装后需要修复因综合杆基础工程施工损坏的地

面(包括人行道、隔离带、绿化等)。同时,为避免地面修复过程中对杆体涂层的"二次损坏",要求对杆体下部(0~2.5 m)做临时保护,待路面修复完成后拆除临时保护材料。

6 验 收

6.2 综合杆

6.2.6 一、二级焊缝质量等级应符合现行国家标准《钢结构工程施工质量验收标准》GB 50205 的相关规定。

6.5 综合管道

6.5.8 管材外壁应有生产企业、产品名称、公称直径、环刚度及生产日期等标识。

7 信息管理系统

7.2 系统结构

7.2.1

采集层:负责收集和提供综合杆设施的原始运行数据和状态信息。

通信层:是平台与综合杆设施采集设备的纽带,提供各种可用的有线和无线的通信信道,为平台和采集设备的信息交互提供链路基础。

平台层:实现综合杆设施管理的各种业务应用,采集各类监控设备的运行信息,执行有关的控制操作。

7.2.2

集中式部署:在市级平台建设全市统一的综合杆设施管理信息平台,各区以工作站的方式接入系统。

分布式部署:按照分级、分区管理的要求,分为市级平台和区级平台两个层次。市级平台实现市管区域的综合杆设施的运行管理,并根据管理需求汇总各区的运行数据,实现全市综合杆设施汇总管理分析;区级平台建设各自区域内的综合杆设施管理信息平台,实现区域内的综合杆设施的运行管理。

混合式部署:分为市级平台和区级平台两个层次。市级平台实现市管区域以及托管区的综合杆设施的运行管理,并根据管理需求汇总各区的运行数据,实现全市综合杆设施汇总管理分析,托管区以工作站的方式接入市级平台;区级平台建设各自区域内的综合杆设施管理信息平台,实现区域内的综合杆设施的运行管理。

7.4 性能要求

7.4.3

2 采集设备的实时在线是实现采集运行数据完整性、实时性的基本条件。采集设备在线率、采集设备日平均在线率可作为采集设备在线情况的考核指标。其中：采集设备在线率指当前在使用采集设备在线数量与所有在使用采集设备的比值，不包括停电、停用、报停、检修状态的采集设备。采集设备日平均在线率指采集设备在一天中平均有多少时间在线。计算公式为

$$采集设备在线率 = \frac{采集设备当前在线数量}{应在线的采集设备总量} \times 100\%$$

$$采集设备日平均在线率 = \frac{采集设备当天在线时间秒数}{一天\ 86\ 400\ s} \times 100\%$$

3 周期数据采集成功率指在系统日常运行设定的周期内（如1天）对采集数据的采集成功率。计算公式为

$$周期数据采集成功率 = \frac{周期内采集成功的数据总数}{周期内应采集的数据总数} \times 100\%$$

8 养　护

8.1　一般规定

8.1.3

　　1　缺陷是指相关设备设施和部件存在的对搭载设施运行不直接造成影响的问题,如外观缺陷、不整洁、线缆凌乱、标识缺失等。一般故障是指相关设备设施和部件存在的对搭载设施运行造成轻微影响的问题,如设备的运行性能下降、机械结构轻微受损等。

　　2　严重故障是指相关设备设施和部件存在的对搭载设施运行或综合杆设施本身的安全造成影响的问题,如电源停止供电、设施损毁等。

附录 H 项目验收基础设施信息采集要求

H.1 单位工程信息

H.1.1 表 H.1.1 中的单位工程、单项工程在工程验收中予以明确。

H.2 综合杆信息

H.2.1 表 H.2.1 信息采集应符合下列规定：

1 综合杆的编号应唯一，并符合本标准附录 G 的规定，由设计单位在施工图设计阶段编码，施工单位在施工阶段根据施工图填报。

2 综合杆的杆型可参考本标准附录 A 中第 A.1 节，由设计单位在施工图设计阶段设计选型，施工单位在施工阶段根据施工图填报。

3 城建坐标 X、城建坐标 Y 信息由测绘单位测量，施工单位根据测绘单位提交的跟测报告填写。

4 上一节点设施的编号应根据上一节点设施类型填报，应符合下列规定：

1） 上一节点设施类型为综合电源箱时，则填写综合电源箱编号。

2） 上一节点设施类型为综合杆时，则填写综合杆编号。

3） 上一节点设施类型为信号灯控制箱时，则填写信号灯控制箱编号。

4） 上一节点设施类型为综合设备箱时，则填写综合设备箱编号。

5 基础类型可分为扩大基础、钢管桩基础。

6 管理单位类别可分为市管、区管。

H.2.2 表 H.2.2 信息采集应符合下列规定：

1 部件类型应符合本标准附录 A 的规定,分为主杆、副杆、横臂、灯臂。

2 部件型号由部件生产厂家及部件规格确定信息。

3 同一综合杆上同一类型的部件编号规则为:起始序号为1,面向副检修门,按逆时针方向,自下而上依次自增。如部件数量为1,则编号即为1,不可省略。

4 安装高度信息主要采集横臂、灯臂距主杆底法兰的垂直距离。

5 安装水平角度信息主要采集横臂、灯臂安装方向与综合杆安装方向之间的水平夹角。综合杆安装方向取综合杆俯视图,以综合杆主杆平面中心点为原点,以综合杆副检修门中心点为90°,综合杆正检修门中心点为180°,沿顺时针方向递增。

6 安装垂直夹角信息主要采集各部件与综合杆垂直中心线的夹角,综合杆副杆为0°,横臂为90°。

H.2.3 表 H.2.3 信息采集应符合下列规定：

1 杆内仓位数仅对综合杆主杆有效。

2 规格信息中的长度、形状、上口径、下口径、弯矩、扭矩等应符合附录 A 的规定。

H.3 综合设备箱信息

H.3.2 表 H.3.2 信息采集应符合下列规定：

1 用户舱在综合设备箱内的编号应从 1 开始,自上向下依次递增。

2 用户舱内设施的权属单位的行业类别可分为公安、交警、交通、通信、绿化市容、生态环境、水务、其他等类别。

3 用户舱设计的额定功率(W)应由综合设备箱生产厂家供货时提供。

4 用户舱可提供的供电电压（V）可分为 AC 220 V、AC 220 V/AC 24 V/DC 12 V。

5 安装日期指用户舱内设施的安装日期。

H.3.4 表 H.3.4 信息采集应符合下列规定：

1 电子锁的安装位置信息应按电子锁的安装箱门分类，可分为公共舱、用户舱。

2 电子锁设备号、电子锁型号、安装位置、出厂编号、软硬件版本号等信息应由综合设备箱生产厂家提供。

H.3.6 表 H.3.6 信息采集内容由综合设备箱生产厂家提供。

H.3.7 表 H.3.7 信息采集内容由综合设备箱生产厂家提供。

H.3.8 表 H.3.8 信息采集内容由综合设备箱生产厂家提供。

H.4 综合电源箱信息

H.4.1 表 H.4.1 信息采集应符合下列规定：

1 管理单位类别可分为市管、区管。

2 照明控制范围可分为桥面、地道、地面＋地道、地面、桥面＋地面等。

3 照明监控方式可分为 ACU＋TCU、ACU、PLC、本地控制四种方式。

4 控制路段应描述该综合电源箱照明供电的路段。

H.4.2 表 H.4.2 信息采集应符合下列规定：

1 上级电源类型可分为电力架空线、分支箱出线、变电站出线、地埋变出线等类型。

2 上级电源名称应体现上级电源到综合电源箱的供电线路名称。

3 相位可分为三相：A 相、B 相、C 相。

4 进线类型可分为财政、财政（照明）、财政（箱）、非财政等类型。

H.4.3 表 H.4.3 中出线类型应以出线的供电用途分类,可分为道路照明、综合设备箱、交通信号控制系统、备用。

H.5 综合管道信息

H.5.1 管顶高程、管顶埋深、地面高程应由测绘单位测量,施工单位根据测量单位提供的跟测报告填写,管道排列制式应按照编码规则描述每一层管道的排列信息。编码规则如下:

1 管道制式编码由按照从上到下的顺序逐层描述的层管道排列编码组成,编码示例见表 1。

2 层管道排列编码由层编号、层主管数和层子管信息三部分内容组成。

3 层编号采用一位大写英文字母编码,即用 A,B,C,D,…依次代表管道从上到下的层编号。

4 层主管数采用阿拉伯数字编码,码长不大于 2,标识该层管道的主管数量。

5 层子管信息用于描述该层各主管内的子管数量。若该层主管均无子管,则子管信息为空;若某一主管含子管,则子管信息则是以括号开头和结尾、括号内按照从左到右的顺序并以逗号分隔各主管内子管数量的数字组成的字符串。

表 1 管道制式编码示例

序号	管道排列图	层编号	层主管数	子管信息	层管道排列编码	管道排列制式
1		A	3	(4,0,0)	A3(4,0,0)	A3(4,0,0) B3(0,3,0)C3
		B	3	(0,3,0)	B3(0,3,0)	
		C	3		C3	

续表1

序号	管道排列图	层编号	层主管数	子管信息	层管道排列编码	管道排列制式
2		A	3	(0,3,0)	A3(0,3,0)	A3(0,3,0)B3
		B	3		B3	

注:◯代表主管;○代表子管;●代表线缆。

H.5.2 表 H.5.2 信息采集应符合下列规定:

    1 管道类型可分为主管和子管组。

    2 管道占用情况应指管道占用数量。当管道类型为主管时,若含子管则占用情况为1,若不含子管则视主管是否已有线缆的情况填写1或者0。当管道类型为子管组时,则根据子管组中被占用的子管数填写,数值为0~子管组子管数。

H.5.3 表 H.5.3 信息采集应符合下列规定:

    1 所属设施类型可分为综合杆、综合设备箱和综合电源箱三大类。

    2 检查井类型可分为手孔和人孔两类。

H.5.5 表 H.5.5 信息采集应根据线缆的权属由施工单位或权属单位采集填报。

H.6 道路照明监控信息

H.6.1 表 H.6.1 信息采集应符合下列规定:

    1 通信模式应包含运营商名称和网络制式联通 4G/5G、移动 4G/5G、电信 4G/5G、NB 等。

    2 SIM 卡编号应在 ACU 调试前从综合杆管理机构领取,调试时填写。

H.6.2 表 H.6.2 中 ACU 类别可分为 D 型、R 型。

H.6.4 表 H.6.4 信息采集应符合下列规定：

1 TCU 序列号应反映设备上的条形码。

2 调光类型可分为"PWM"和"0~10 V"两种类型。

H.6.5 表 H.6.5 信息采集应符合下列规定：

1 TCU 类型可分为单灯控制器、单灯巡测器。

2 通信模式应包含通信供应商名称和通信方式，如联通 NB、电力载波等。

H.7 搭载设施信息

H.7.1 表 H.7.1 信息采集应符合下列规定：

1 安装设施位置宜与部件名称统一，分为主杆、副杆、横臂、灯臂。

2 安装形式为"部件名称＋卡槽"和"部件名称＋抱箍"两类。

3 安装部件的编号应与表 H.2.2 一致。

4 安装水平位置指安装位置距主杆中心线距离。

5 安装高度指安装位置距主杆底部法兰距离。

6 出线孔位编号应描述搭载设施出线走向，填写出线在横臂上的孔位编号（起始编号为 1，由主杆方向从里往外依次递增）

7 相关综合设备箱箱编号、仓位编号指搭载设施所在的综合设备箱及用户舱编号。